成功者控制情绪，失败者被情绪控制。

员工情绪自我控制的方法与技巧

李军燕　毛　雨◎编著

中国员工情绪自我管理手册
7大方向　52个方法　助你掌控情绪　成就职场达人
别让情绪失控阻碍你的职业生涯

人民日报出版社

图书在版编目（CIP）数据

员工情绪自我控制的方法与技巧 / 李军燕，毛雨编著.
-- 北京：人民日报出版社，2017.6
ISBN 978-7-5115-4823-8

Ⅰ.①员… Ⅱ.①李…②毛… Ⅲ.①情绪 - 自我控制 - 通俗读物 Ⅳ.①B842.6 - 49

中国版本图书馆CIP数据核字（2017）第177159号

书　　名：员工情绪自我控制的方法与技巧
作　　者：李军燕　毛雨

出 版 人：董　伟
责任编辑：刘天一
封面设计：陈国风

出版发行：人民日报出版社
地　　址：北京金台西路2号
邮政编码：100733
发行热线：（010）65369527　65369846　65369509　65369510
邮购热线：（010）65369530　65363527
编辑热线：（010）65369844
网　　址：www.peopledailypress.com
经　　销：新华书店
印　　刷：北京柯蓝博泰印务有限公司

开　　本：710mm×1000mm　1/16
字　　数：210千字
印　　张：15
印　　次：2017年9月第1版　2017年9月第1次印刷

书　　号：ISBN 978-7-5115-4823-8
定　　价：39.80元

前言 Preface

人非草木，孰能无情。在这个复杂纷繁的职场中，每个人每天都要面对不同的人、不同的事，都要经历不同的变化，都要受到外界不同的影响和刺激，产生各种积极、消极情绪也是理所当然。

情绪，是指个体对本身需要和客观事物之间关系的短暂而强烈的反应，是一种主观感受、生理反应、认知的互动，并会表达出一些特定行为。情绪有正面情绪和负面情绪之分。正面情绪是指以开心、乐观、满足、热情等为特征的情绪；负面情绪是指以难过、委屈、伤心、害怕等为特征的情绪。

无论是积极情绪还是消极情绪，情绪本身并没有好坏之分。情绪就像染色剂，使你的职场生活丰富多彩；情绪又像催化剂，使你的行为产生不同改变。因此，情绪虽然无好坏之分，但是情绪所造成的影响却有好坏之别。身处职场的你需要的是积极情绪带来的正向影响，而非消极情绪带来的负向影响，这就需要你能够对自己的情绪拥有一定的控制能力。

然而，一个人情绪的变化，往往不知不觉，难以左右。古人云："怒不变容，喜不失节，故是最为难。"要想真正做到掌控自己的情绪并不是一件容易的事情，这需要你了解情绪的奥妙，并通过科学的方法对情绪进行调节、转化、释放，从而达到让心中充满积极情绪的最终效果。可以说，情绪控制不仅是一门技术，更是一门艺术。

本书通过主动掌控情绪、树立正确认知、培养良好心态、活用心理暗示、训练思维习惯、调节压力水平、丰富业余生活等多个方面，系统地帮助你逐步破解情绪的密码，让你成为一名掌控情绪的大师。

工作和情绪就像是一根线上的蚂蚱，相互牵制着。保持积极的情绪状态就会让工作效率大大提升，工作业绩也突飞猛进，进而让成功的工作结果反过来影响情绪，让你始终能够保持积极情绪，形成良性循环，反之亦然。可见，懂得掌控情绪的方法和艺术对于一个职场人在自己的职业生涯中获得成功有着多么重要的作用。

让自己成为一个掌控情绪的大师，你就离成为职场中的精英又近了一步。如果职场的道路上时常充满阴霾，那么你就必须让自己的情绪发光，跟着源自强大内心的光芒穿越迷雾找到正途。

目 录

第一章 破解情绪"密码",做掌控情绪的大师

人有喜怒哀乐,职场人也不例外,每当你在职场中受到外界因素的影响,都会产生相应的情绪。情绪没有好坏之分,但却会对你产生正向或负向影响。破译情绪的密码,学会如何调动起积极情绪,尽可能调节消极情绪,你就能在工作中始终拥有好心情。

1. 情绪——心理的晴雨表 / 002
2. 情绪源自内心的认知 / 004
3. 情绪犹如"潮汐",起伏有周期 / 008
4. 工作事务多,情绪易波动 / 010
5. 不良情绪是职业道路上的"雾霾" / 014
6. 失控的情绪拥有毁灭性的力量 / 019
7. 调节情绪不等于压抑情感 / 022

第二章 做情绪的主人,成就职场达人

一个人如果连自己的情绪都控制不住,那也一定无法主宰自己在职场中的命运。情绪会影响一个人的思想、行为、认知,而这些都是决定你在职场中能

否成就一番事业的关键。可以说，只有成为自己情绪的主人，你才有机会成为职场的达人。

1. 控制情绪从观察情绪开始 / 028
2. 约束行为，有自制力才有好情绪 / 033
3. 工作需要激情更需要理智 / 037
4. "装"出好心情助你走出痛苦 / 040
5. 及时释放情绪，摆脱情绪"负债" / 046
6. 让积极信念贯穿工作始末 / 051
7. "森田疗法"——接受一切你就能掌控情绪 / 056

第三章　树立正确认知，读懂职场才有好情绪

职场永远不会亏待任何人，当你充满负面情绪埋怨职场对你的不公时，也许是你根本没有看懂职场。认知偏差所导致的负面情绪是你最应该避免的，只有纠正错误的认知，你才能从根本上摆脱许多不必要的负面情绪，让内心更阳光。

1. 50%的消极情绪来源于错误认知 / 062
2. 让工作成为乐趣而非苦役 / 065
3. 没有人天生就是弱者 / 069
4. 失败是上帝给你的礼物 / 074
5. 逆来顺受并不能获得赏识 / 077
6. "等死"比错误的选择更可怕 / 079
7. 破釜沉舟的你不会输 / 082
8. 蛰伏是成功必经的阶段 / 088

目 录

第四章　给心态"洗洗澡"，为情绪"排排毒"

态度决定一切，职场中是如此，调节情绪也是如此。一个人的心态在很大程度上影响着一个人的情绪。心态良好，无论在工作中面对什么困难总能保持积极情绪；心态不良，即便在工作中一帆风顺也会情绪不佳。常常关注自己的心态，调适自己的不良心态，实际上你也就成功调解了自己的情绪。

1. 不良心态让负面情绪激增　／096
2. 学会放弃，你才能拥有好心情　／099
3. 坦然看得失，接受并感谢你所经历的一切　／103
4. "非黑即白"的心态让你总受气　／106
5. 保持平常心，为人处世心平气和　／108
6. 正视平凡，小人物也可以有大人生　／113
7. 执着≠固执，认死理让情绪走向极端　／119
8. "冷却"你的愤怒　／122
9. "暴露疗法"克服恐惧　／125
10. 理性看待"差距"，让嫉妒心无处滋生　／129
11. "选择性失忆"，把自己从沮丧中"拔"从来　／132

第五章　学用心理暗示，"制造"积极情绪

如果你每天都对自己说自己很快乐，你就真的会很快乐。心理暗示是调节情绪的重要方法，掌握它你就能够随时随地地自己"制造"积极情绪，让自己在工作中充满动力，在对抗消极情绪时也更容易取胜。

1. 心理暗示的巨大力量　／136
2. 告诉你自己"我能行"　／138
3. 职场中的你离不开"阿Q精神"　／141

4. 想象成功后的自己　/ 146

5. 渲染积极氛围，激发积极情绪　/ 148

6. 警惕外界不良暗示，学会"覆盖"消极暗示　/ 152

第六章　训练思维习惯，让情绪有正确的"默认选项"

成功的人一定有一个成功者的思维习惯，这几乎是所有职场人都认可的。其实一个情绪积极的人，也同样要有一个积极正向的思维习惯。思维习惯就好像情绪的"默认选项"，训练自己让自己拥有一个良好的思维习惯和思维模式，拥有好情绪就不再是什么难事。

1. 思维习惯——情绪的数据库　/ 156

2. 打破消极思维模式，跳出情绪障碍　/ 160

3. 摆脱制造消极情绪的惯性思维　/ 162

4. 面对挑战性工作，不做"最坏打算"　/ 166

5. 直线思维有助于摆脱焦虑情绪　/ 169

6. 很多时候你需要"走一步算一步"　/ 173

7. 摆脱"受害者思维"，别自己制造消极情绪　/ 175

第七章　调节压力水平，压力刚刚好，情绪不失控

压力越大，情绪越坏，所以压力是影响情绪变化的一个重要因素。要调节情绪，保持良好的心态，不让情绪失控，就必须较好地调节压力水平，适度减压，别让压力太大，过大的压力会把人压垮，让人情绪失控。但没有压力也不利于情绪的稳定，所以压力刚刚好最有利于情绪的平和和稳定。

1. "高压"工作状态易导致情绪"爆炸"　/ 180

2. 量力而行，别对自己过高要求　/ 182

3. 主动求助，一意孤行只会徒增压力　／186
4. "阶梯式"树立目标，看得太远压力大　／189
5. 工作问题立刻解决，堆积问题就是堆积压力　／193
6. 养成制订计划的习惯，有条不紊压力小　／196
7. 掌握科学释放压力的方法　／198

第八章　丰富业余生活，给你的人生加点"料"

你的人生如果只有工作、工作、再工作，那么如此单调的人生难免会让你消极情绪倍增。即便再忙碌的人生也需要业余生活的点缀，让本来黑白的生活变得多彩缤纷，让情绪也随之激昂起来。

1. 工作并非人生的全部　／204
2. 精彩的业余生活有助于调节工作情绪　／207
3. 让艺术点缀生活　／213
4. 用书籍增加你的内涵　／215
5. 安排一场"说走就走的旅行"　／224
6. 在运动中释放情绪　／226

破解情绪"密码",做掌控情绪的大师

人有喜怒哀乐,职场人也不例外,每当你在职场中受到外界因素的影响,都会产生相应的情绪。情绪没有好坏之分,但却会对你产生正向或负向影响。破译情绪的密码,学会如何调动起积极情绪,尽可能调节消极情绪,你就能在工作中始终拥有好心情。

1. 情绪——心理的晴雨表

月有阴晴圆缺，人有喜怒哀乐。

当你在工作中遇到升迁时，心中会感受到兴奋和愉悦；当你在工作中遭遇失败时，会感受到沮丧与伤心；当你面对未知的事物时，会觉得焦虑与紧张；当你遇到生命中的另一半时，会感受到怦然心动。每一天发生在你身边的每件事情，你遇到的每个人，都会让你的内心产生不同的反应，这就是情绪。

情绪，是对一系列主观认知经验的通称，是多种感觉、思想和行为综合产生的心理和生理状态。最普遍、通俗的情绪有喜、怒、哀、惊、恐、爱等，也有一些细腻微妙的情绪如嫉妒、惭愧、羞耻、自豪等。情绪常和心情、性格、脾气、目的等因素互相作用，也受到荷尔蒙和神经递质的影响。无论正面还是负面的情绪，都会引发人们行动的动机。尽管一些情绪引发的行为看上去没有经过思考，但实际上意识是产生情绪重要的一环。

情绪可以被分为与生俱来的"基本情绪"和后天学习到的"复杂情绪"。基本情绪和原始人类生存息息相关，复杂情绪必须经过人与人之间的交流才能学习到，因此每个人所拥有的复杂情绪数量和对情绪的定义都不一样。

情绪由客观外界刺激产生，同时也影响着你的行为和对客观事物的认知、理解。情绪既是主观感受，又是客观生理反应，具有目的性，也是一种社会表达。情绪是多元的、复杂的综合事件。一般来说，你所产

第一章
破解情绪"密码",做掌控情绪的大师

生的情绪可以分为积极情绪和消极情绪两类,无论是哪一类情绪都没有好坏之分,只是对你产生的影响有所不同。

情绪可以说是一个人心理变化最直观的表现,是你心理的晴雨表。人类有几百种情绪,此外情绪还有很多混合、变种、突变以及具有细微差异的"近亲"。从大的方面来分,情绪可以分为喜、怒、哀、欲、爱、恶、惧。喜又包括高兴、兴奋、欣喜、幸福、愉悦、舒畅、骄傲等情绪;怒又包括生气、愤恨、发怒、不平、烦躁、敌意等情绪;哀又包括悲伤、哀怨、痛苦、忧愁、爱怜等情绪;欲又包括贪欲、权欲、钱欲、情欲等情绪;爱又包括亲密、友善、挚爱、信赖、认可、宠爱等情绪;恶又包括讨厌、厌恶、轻视、轻蔑、讥讽、排斥等情绪;惧又有恐惧、惊慌、慌乱、焦急、忧心、疑虑等情绪的不同……可见人类的情绪是极为丰富、复杂的,情绪的微妙之处已经大大超越了人类语言能够形容的范围。

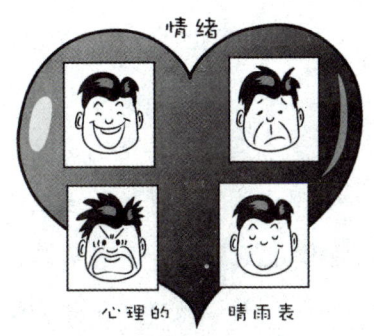

因而要想驾驭情绪并不是一件容易的事情。但是如果一个人能够积极主动地发挥自己的能力,就会有控制自己情绪和影响别人情绪的能力。

一天,美国前陆军部长斯坦顿来到林肯那里,气呼呼地说一位少将用侮辱的话指责他偏袒一些人。林肯建议斯坦顿,写一封内容尖刻的信回敬那家伙。

"可以狠狠地骂他一顿。"林肯说。斯坦顿立刻写了一封措辞强烈的信,然后拿给林肯看。

"对了,对了。"林肯高声叫好,"要的就是这个!好好训他一顿,真写绝了,斯坦顿。"

但是当斯坦顿把信叠好装进信封里时，林肯却叫住他，问道："你干什么？"

"寄出去呀。"斯坦顿有些摸不着头脑了。

"不要胡闹。"林肯大声说，"这封信不能寄，快把它扔到炉子里去。凡是生气时写的信，我都是这么处理的。这封信写得好，写的时候你已经解了气，现在感觉好多了吧，那么就请你把它烧掉，再写第二封信吧。"

斯坦顿听从了林肯的建议，又写了第二封信，虽然措辞依旧强硬但却不失恭敬，果然收到了良好的效果。

情绪是心理的晴雨表，你表现出来的情绪实际上是你内心的状态。虽然情绪本没有好坏之分，但是由情绪所引起的行为以及行为的后果却有好坏之分。所以"情商"指的是情绪商数，而非情感商数。情商高的人就可以控制自己的情绪，情商低的人则会被自己的情绪所累。

每一个人不仅需要积极的情绪，还需要消极的情绪；不仅需要克制，还需要发泄；不仅需要防御，还需要利用。因此，一个人需要掌握管理情绪的能力，只有这样才能够让产生的情绪为你服务，而不是成为你成功路上的绊脚石。

2. 情绪源自内心的认知

只要你在生活中受到了刺激，就一定会产生情绪。而要想学会管理情绪，你首先就必须了解不同情绪究竟源自哪里。

第一章
破解情绪"密码",做掌控情绪的大师

情绪是人对客观外界事物的态度的体验,是人脑对客观外界事物与主体需要之间的反映。情绪的定义包含以下三方面内容:

(1)情绪是一种主观感受,或者说是一种内心体验,是以人的需要为中介的一种心理活动,它反映的是客观外界事物与主体需要之间的关系。外界事物符合主体的需要,就会引起积极的情绪体验,否则便会引起消极的情绪体验。

(2)表情是情绪的外在表现形式。表情包括面部表情、身段表情和言语表情。

面部表情是面部肌肉活动所组成的模式,人面部的42块表情肌能做出大约22万种不同的表情,它们能比较精细地表现出人的不同的情绪,是鉴别人的情绪的主要标志。例如,高兴的时候人的眼是眯着的,嘴角是往上提的;伤心的时候眉头是皱着的,嘴角是向下的;害怕的时候眼是瞪着,嘴是张着的。

身段表情是指身体动作上的变化,包括手势和身体的姿势。例如,高兴的时候手舞足蹈;不好意思的时候手足无措。

言语表情是情绪在说话的音调、速度、节奏等方面的表现。例如,高兴的时候说话的音调高,速度快;悲伤的时候说话的音调低,速度慢,句与句之间停顿的时间长。

表情既有先天的,不学而会的性质;又有后天模仿学习获得的性质。因为人类表达情绪的主要方式是一样的,笑都表示快乐,哭都表示悲伤,不是规定的行为规范,也没有约定的规范,是全人类不学而会的。但是,不同文化背景的影响也使人表达情绪的方式带有不同的色彩,西方民族和东方民族在表达欢迎的方式上就有明显的区别。所以表情又具有后天学习模仿,受社会制约的特性。

(3)情绪会引起一定的生理变化,包括心率、血压、呼吸和血管容积上的变化。如愉快时面部微血管舒张,脸变红了;害怕时微血管收缩，血压升高、心跳加快、呼吸减慢，脸变白了。

人类的情绪，来源是本人内心的一套信念系统（信念、价值观、规条）。外来的事物，只不过是诱因而已，心中的信念系统，才是决定的因素。每个人都有不同的信念系统，而这一系统的建立源自你的认知。因此可以说，认知是情绪的主要来源。

可能有些人会说，当自己遇到外部事件时，自然而然就产生情绪了，这些外部刺激是客观且不受控制的，又与认知有什么关系呢？那么不妨试举一例。

有一天你要完成一项工作，经过两个小时的努力后你将工作完成了，然后是20分钟的休息时间。休息过后，你刚坐下，有人就因为一些很细微的、没什么意义的事情指责你，接着对你大发脾气，越骂越凶，更当着众人面前对你说出一些很难听的言语。这个时候，如果你内心冒出一股怒火，是很自然的事吧？对方的行为引起你的愤怒情绪了。

可是，假如在同样的情境下，朋友给你一个来电，告诉你刚收到消息，原来这个指责你的人昨天才从精神病院出来，此时由于这个人就在你的面前，所以你就马上结束与朋友的谈话，把手机收起来。就是在这个时候，这个精神病人做出和前面说的完全一样的行为：因为一些很细微的事情对你大发脾气，越骂越凶，更当着众人面对你说出一些很难听的言语。现在，你心里有的情绪怕会是恐惧和担心，绝不是愤怒了吧？

完全一样的行为，引起了完全不同的情绪，证明了事情本身并不决定情绪。决定你情绪的是你对于两种情景的不同认知。

第一章
破解情绪"密码",做掌控情绪的大师

之所以说认知是产生不同情绪的根源,是因为情绪的产生遵循着两种程序:既定程序和应对程序。既定程序是基因表达注定了的,沿着生命的既定过程工作。到了人体生长、繁殖、老化的各个特定时期,由大脑中枢签发指令,内分泌器官负责,分泌出特定的荷尔蒙,把这些荷尔蒙运送到身体各部位,传达到特定的细胞,按照既定的任务,完成特定的工作。在很多时候这一过程所产生的情绪更像是一种本能,因此可以不把它归结于情绪的讨论范畴。

而通过应对程序而产生的情绪是在生命的过程中,如遇到不同的环境,身体需要做出相应反应时进行的。它也是由大脑中枢根据具体情况签发临时指令,完成或执行一些临时情感所指导的行为。这好像国家政府机关行使行政职能一样,由中央根据国情民情制定政策路线,开个会,下个文件,一级级传达,到下面基层去执行。

人类还在"野生"时代,我们的"方针、路线、政策"是简单和固定的,就是饮食、生存和繁衍。由于既定程序是由基因确定了的,外界的环境变化又有现成的规律,应对程序都是"编排"好、"练习"熟的。所以,一般"照本宣科"就行了。在这时,人类的三个管理系统步调一致,指令统一,相处和谐,工作上也配合默契,有条不紊。可谓浑然天成,无可挑剔。

后来,人类进入了文明时期。我们有了文化的传承,背上了道德的包袱,受到了观念的制约,人类的思想和行动也就无不"染"上了精神的"色彩"。这时,人类再也没有了过去的那种单纯与和谐。我们在物质世界的基础上凭空"辟"出个精神世界,"酿"出了七情六欲。

每个人的精神世界都是以物质世界为基础,但却会经过自己的认知加工进而产生的。每个人的认知都不尽相同,精神世界也千变万化。认知决定了一个人对客观事物的看法,对客观刺激所采取的应对方式,而不同的看法和应对方式就会带来不同的情绪。

3. 情绪犹如"潮汐",起伏有周期

为什么没有闹钟的铃声,你却每天按时醒来?为什么雄鸡啼晨,蜘蛛总在半夜结网?为什么大雁成群结队深秋南飞,燕子迎春归来?为什么夜合欢叶总是迎朝阳而展放?这其实都是"生物钟"在悄无声息地影响着这些行为。

生物钟依靠像时钟那样周期往复的振荡工作,其工作节奏是不受周围环境影响的。"生物钟"不仅仅影响着行为,同时也影响着心理。受到"生物钟"影响,每个人的心理状态存在明显的盛衰起伏,有高潮期、低潮期和临界期。情绪作为心理变化的晴雨表,自然也会周期性地发生变化。情绪在高潮时,人往往表现得精力充沛,思维敏捷,情绪乐观,记忆力、理解力强,在低潮时则容易出现情绪低落,出现极端情绪和难以控制的消极情绪等。人的情绪就像摆钟一样,在高兴与悲伤、希望与失望之间来回摆动,我们的心情会从"沸点"降到"零点",而且越快乐,随后就会越悲伤。

科学研究表明,人的"情绪定律"以28天为周期,从高潮、临界到低潮循环变化。在情绪高潮期内,会感觉心情愉悦,精力充沛,能够平心静气地做好每件事情;在情绪的临界日内,会觉得心情烦躁不安,容易莫名其妙地发火;在情绪的低潮期内,会感觉心情沮丧,无精打采,提不起精神。

大起大落的情绪不仅会给人的身心带来很大的伤害,还会让人变得异常暴躁,失去理智,以至于做出一些让自己悔恨终生的事情。

第一章
破解情绪"密码",做掌控情绪的大师

其实当你真正去觉察自己的情绪的时候就会发现,90%以上的痛苦来自对情绪变化的抗拒或者说不接纳。譬如当你处于情绪低潮期时,往往会陷入一些消极情绪或是低落之中。此时,你就很有可能因为不了解情绪的起伏周期而无法面对、无法接受或者不接纳按照情绪周期已经产生的正常情绪。对抗的结果是什么呢?就是越来越陷入情绪,无法自拔。越是不能面对,越是躲在自己的情绪或者自怨自艾或者自怜自哀,其本质还是逃避,而越是不想要这些情绪,越会发现情绪越来越糟。如此循环往复、日复一日地挣扎,怎能不痛苦呢?所以要学会一些调节情绪的方法,掌握一些克服"心理钟摆效应"的技巧,让情绪尽可能地平稳一些。

一是学会体验不同生活状态的不同乐趣。激荡人心有乐趣,平淡如水同样可以获得悠然自得的宁静乐趣,每一种生活状态,都有它不同的生活情趣,都能够让人有所得。安享每种生活状态,我们的情绪就会稳定平和。

二是自我调整。情绪情感的高低是相依存在、相辅相成的,要避免狂落就要先避免狂涨,只有在顺境中做到平和、清醒,才能在逆境中得以安详和镇静。有快乐兴奋事情的时候,不得意忘形,也就不会乐极生悲;碰到不高兴的事情,要把注意力转到能平和心境的活动中。

三是通过有意识的记录,确定自己情绪变化的周期,有意识地将最为重要的工作安排在情绪高涨的时候完成;情绪低落时,可以多散散心,参加健身运动,找朋友聊天倾诉,寻求心理慰藉,直到安全度过情绪危险期。每个人都会经历情绪的高潮期、临界期和低潮期。这种规律的变化是无法改变的,而强行抗拒只会造成更坏的结果。只要掌握自己情绪的变化周期,接纳在每个周期中出现的情绪状态,并通过一些恰当

的方式在不同情绪周期时对自己的情绪进行适当调适，就完全能够让自己始终处于较积极的情绪状态下，从而不至于影响自己的正常工作和生活。

比如以一年中的某个月为例，纵坐标为1号、2号、3号……30号（或31号），横坐标为不同的情绪指数，包括兴高采烈、愉悦快乐、感觉不错、平平常常、感觉欠佳、伤心难过、焦虑沮丧。每天晚上花点时间想想当天的情绪，在与之相符的一栏打上记号。过些日子，把这些记号连接起来。不久你就会发现一个模式，这就是你的情绪规律。再过几个月，你就会惊奇而准确地知道，什么时候你的高潮将至，什么时候你得小心低潮的到来。知道了这一点后，你就可以预测自己的情绪变化，并相应地调整自己的行为。情绪高昂时，注意不要随意承诺，一定要三思而后行；情绪低迷时，不妨鼓励自己，这种情况很快就会过去。

情绪周期对于每个人都是客观存在的，你可据此安排好自己人生耕耘的茬口。情绪高涨时安排一些难度大、较烦琐的任务，让你能够好好利用情绪高潮期。而在情绪低落时多出去走走，多参加一些能让你提起兴趣的业余活动，放松思想，放宽心情。有了烦心的事多向亲人、同学、朋友倾诉，寻求心理上的支持，安全地度过情绪危险期。

4. 工作事务多，情绪易波动

产生不同情绪的根源是每个人的认知，然而外部刺激也同样起到了至关重要的作用。外部刺激就好像是点燃情绪"导火索"的火柴，只有当你受到来自工作、生活上的外部刺激时，情绪才会被"点燃"。

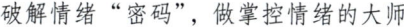

对于现代职场人来说,工作压力大、工作事务多是普遍现象,而在这样的情况下,情绪往往也更容易产生波动,这是一种正常现象。如果无论什么样的外部刺激都无法造成内心的情绪波动,这才证明你的心理出了大问题。

> 魏老师是有着三十多年教龄的老教师,有着极强的责任感和使命感,现在已经过了知天命的年纪,照理说应当越来越平和稳重。但是魏老师最近却极爱动怒,情绪很不稳定,弄得同事们也都紧张得很。大家奇怪于魏老师脾气怎么变得这么怪。
>
> 其实这是工作压力太大导致的。"近年来越来越提倡素质教育、赏识教育,且不说不能碰孩子一根头发,连说话重点都不行,常有家长找到学校来的事。但是有那么一种孩子特聪明又特调皮的,怎么感化说教都不行。"以前,魏老师会因人制宜地说点狠话来"激将"、点拨这些孩子。"可现在不行,不敢用啊,所以不得不放弃他们,可是放弃了,自己良心上又过不去。这让自己无所适从,故而脾气越来越差。"魏老师说。

情绪波动确实会对工作产生一些不良影响,尤其是当消极情绪产生并渐渐高涨的时候。特别是心理在短时间内很容易就大起大落,不仅影响工作,还可能对心理造成更坏的影响,患上"情绪病",这是心理不健康的一种症状。所以要学会控制情绪。而要想合理控制情绪波动,尽量消除情绪波动带来的负面影响,甚至将它转化成帮助你更好完成工作的积极影响,那么你就必须对情绪波动有正确的认识。

首先你应该了解工作中那些造成你情绪波动的原因。工作中导致情绪波动的原因很多。所谓"职场就是小社会",我们的职场生活就是社会生活的一个缩影,人生能碰到的一切事情很可能在职场中都会碰到。

如果难以正确处理和应对，就会对心理产生影响。概括起来，最主要的原因如下。

（1）工作任务繁重导致压力激增，进而带来情绪波动。

相信每一个职场人都有过这样的经历：当工作任务十分繁重，精神长期处于高度紧张状态并得不到休息时，一点点小事往往就能够带来非常大的情绪变化。这是由于较高的工作压力让心理长时间承受着很重负担，这种负担需要通过一些方式得到释放，而通过表达情绪来发泄压力是你的内心给自己"减负"的一种重要方式。因此，工作任务繁重、工作压力大时，你的情绪波动往往也会变得剧烈。

（2）复杂的人际关系让情绪更易受到他人影响。

随着"合作时代"的来临，人与人之间的人际交往达到了空前频繁的程度。在人际交往的过程中，你传达和接收的不仅仅是信息，同样也有情绪。比如，当你在与一个人进行交流时，他的语言、肢体动作总是向你传达着某一种倾向的情绪，那么你也可能会不自觉地被"传染"，从而在内心产生这样的情绪。作为职场人，你每天可能都要面对复杂的人际关系，不同的人传达给你的情绪也各不相同，进而让你的情绪产生较大幅度的波动。

（3）工作现实与内心核心价值观之间冲突频发，导致情绪产生波动。

人生不如意十有八九，在职场中更是如此。你可能每天都要为了工作需要不得不去做不符合自己核心价值观需求的事，也可能你的工作成绩并不能够满足自己对自身的要求。这些工作现实与你内心核心价值观产生的冲突同样也会带来不同程度的情绪波动。

在了解了情绪波动产生的原因后，你接下来就应该学会如何正视这种不可能完全避免的情绪波动。当你意识到自己的情绪因为工作产生了较大起伏时，不要认为这是一种不应该出现的状态。有情绪波动证明你的内心能够对外界刺激产生正常反应，恰恰证明你的心理并没有出什么

第一章
破解情绪"密码",做掌控情绪的大师

大问题,因此没必要感到焦虑。其实很多时候,这种情绪波动只要不超出一定限度,非但不会给你的工作带来麻烦,反而能够促进事情向着更好的方向发展。

张力是一个纠结的男人。他说,他总是会被坏情绪包围,这些情绪并不大,却如细小繁密的灰尘,弥漫在生活中,让人感觉日子都是灰色的。

就拿最近发生的一件事来说吧。张力花了很多心血为某客户做了份广告方案,他将方案拿给客户,希望对方提出修改意见。对方很重视,专门布置了讨论会。会上,客户方一位领导先发言,不知为何,这位领导全盘否定方案,并说出某广告公司盛名在外,其实水平不过如此之类的话。领导定了调子,可想而知,接下来的讨论会就成了批判大会。

一面倒的质疑声中,张力如坐针毡地待了很久。之后,他突然爆发。他说:"为这个方案,我做了很多准备……我相信它有价值。当然它也有缺点,今天来就是为了听大家意见,这样一味攻击,我不觉得对合作有帮助。"

场面顿时变化,领导换了副安抚的神色,大家也开始提些建设性意见,会议顺利开展。

其实这样的情况很多人都经历过,当自己在工作中出现情绪波动后,这种波动并没有给工作带来预期的不良影响,反而让工作变得顺利。情绪波动并不一定是阻碍你做好工作的罪魁祸首,有时候也是帮助你实现"逆转"的好帮手,只要它能够被你控制在合理的范围之内。

在之前已经说到了,情绪无所谓好坏,它只是心理给你的一个信号。它告诉你自己内心深处的期待、欲求、向往。它会用欢欣、轻快、沉醉等好的感受，给生活增添乐趣和色彩。它也会用愤怒、失望、焦虑等令人不适的感受，促使你去调整，去行动，去改变，去争取自己真正想要的东西。情绪其实始终都是你最忠实、体贴的朋友。

别害怕自己的情绪波动，你只需要冷静地看清它，接受它，关怀它，用智慧的方法宣泄和处理它，它将助你在工作中更进一步。

5. 不良情绪是职业道路上的"雾霾"

情绪会影响一个人的生活、工作。积极进取的情绪，可以让你战胜一切困难取得事半功倍的效果，不良情绪只能让你变得愤世嫉俗、逃避现实，做出许多对工作、生活产生不良影响的行为，最终让失败成为定局。

当我们在办公室留心观察一下身边的同事，不难看出有些人一上班就情绪不佳，要么稍不留神就发脾气，要么做事老是出差错。仔细一打听，或是在家里和家人发生了争执，或是自己孩子的学习成绩不够理想，或是在上班的路上遇到了不顺心的事。长此以往，这些人给领导和周围的同事留下了很恶劣的影响。

不良情绪就好像是每一个人职业道路上的"雾霾"，如果只是偶尔出现，可能并不会对你造成多么严重的不良影响。然而倘若你走在职业道路上时总是在"吸雾霾"，久而久之自然就会对身心产生不良影响，

第一章
破解情绪"密码",做掌控情绪的大师

甚至让你的身体、心理生病,拖慢你在职业道路上前进的步伐。

所有的人都只有在做自己感兴趣的事情时才会产生积极的情绪,这是人的本性。然而,对很多人来说,把一份做了很久的工作当成兴趣这似乎不容易做到。婚姻尚且有"七年之痒",何况是每天至少占据自己8小时时间的工作呢?

初入职场之时,就像是高速运转的发动机,用源源不绝的热忱拥抱工作。因为工作对于你来说,不仅意味着填饱肚子,还希望能在职场中结识朋友、得到归属感、受到尊重、实现自我价值。你激情洋溢地工作,于是老板对你委以重任,而你则更多地对老板投桃报李。可是,慢慢地你发现,自己的工作原来是一份味同嚼蜡的差事、一份勾心斗角的工作、一份压力重重的工作。这彻底击碎了你填饱肚子之外的其他梦想。于是,某年某月的某一天,当工作把你的热忱耗尽,当上班的铃声成为你梦魇的开始,你突然感觉自己精力不济、身体不适、烦躁不安、对工作失去了兴趣,产生了越来越多的不良情绪。

倘若你对这些不良情绪置之不理,那么就会渐渐让自己的心理"中毒",被这些不良情绪所侵蚀,最终对你的行为甚至价值观都产生极大危害,让你在工作中无法实现进步,甚至出现倒退。

首先,不良情绪会影响你的思维,让你失去对正确行为的判断能力,从而在工作中做出那些产生不良后果的行为来。比如,当你对工作充满厌恶情绪,自然就不可能对工作抱以认真负责的态度,甚至会故意不去做好一些工作。而如果你在工作时一直处于愤怒情绪的影响下,就很有可能采取一些并不适用的极端方式去完成工作,进而给自己的工作过程带来不必要的风险。

其次,不良情绪会给你带来更大的工作压力。当你怀着积极向上的情绪工作时,你更容易集中精力,能更好地激发大脑的潜能,从而找到最佳的工作方式,带来更高的工作效率。而如果长期处于不良情绪的影

响，你就很有可能变得反应迟钝、行动迟缓，大大降低工作效率，让本来不繁重的工作都难以很好地完成，从而带来极大的工作压力。而这些工作压力反过来又会让你产生更多不良情绪，形成恶性循环。

最后，不良情绪还会造成你的认知偏差。情绪产生的根源是认知，而情绪也会对认知产生反作用。一个人如果长期处于一种或多种不良情绪的影响下，他的认知也会随着这些情绪产生改变，出现偏差。一旦认知出现偏差，那么你在工作中就很有可能产生错误的价值观，以不正确的眼光去看待自己的工作和在工作中遇到的每件事、每个人，让你产生更多、更严重的不良情绪。这样最终的结果就是你会陷入不良情绪中无法自拔，甚至对人格都产生巨大消极影响，让自己出现心理障碍甚至心理疾病。

一个青年刚刚大学毕业，凭借着自己的能力，他找到了一份人人羡慕的高薪工作，在一个海上油田钻井队里做技术员。

工作的第一天，领班要求青年在限定的时间内登上几十米高的钻井架，把一个包装好的漂亮盒子拿给在井架顶层的主管。

青年对这第一个任务信心百倍，他拿着盒子，快步登上狭窄的舷梯，登舷梯是十分累人的，当青年气喘吁吁、满头大汗地登上顶层，把盒子交给主管时，主管只在盒子上面签下自己的名字，又让他送回去。于是，青年按照吩咐又快步走下舷梯，把盒子交给领班，而领班也是同样在盒子上面签下自己的名字，让他再次送给主管。

青年此时有些耐烦了，他觉得这项工作一点意义也没有。可是领导的命令不得不执行，于是青年又转身登上舷梯。当他第二次登上井架的顶层时，已经浑身是汗，两条腿抖得厉害。

第一章
破解情绪"密码",做掌控情绪的大师

主管和上次一样,只是在盒子上签下名字,又让他把盒子送下去。年轻人擦了擦脸上的汗水,转身走下舷梯,把盒子送下来,然而,领班还是在签完字以后让他再送上去。

青年有些生气了,他觉得主管和领班是在跟他开玩笑。他长长地叹了一口气,尽力忍着不发作,擦了擦满脸的汗水,抬头看着那已经爬上爬下了数次的舷梯,拿起盒子,步履艰难地往上爬。当他上到顶层时,浑身上下都被汗水浸透了,汗水顺着脸颊往下淌。他第三次把盒子递给主管,主管看着他慢条斯理地说:"请你把盒子打开。"

青年于是打开了盒子——里面竟然是两个玻璃罐:一罐是咖啡,另一罐是咖啡伴侣。年轻人终于无法克制心头的怒火,把愤怒的目光射向主管。主管接着对他说:"请你把咖啡冲上。"这时,青年将所有的愤怒和不满全部发泄了出来,他"啪"的一声把盒子扔在地上,大声地说:"我不干了!"

此时,主管摇了摇头,对青年说:"很遗憾,如果你再忍耐一下,你就可以通过这个考验了。刚才我们所做的是一种'承受极限训练',因为我们在海上作业,随时会遇到危险,这就要求队员们有极强的情绪控制能力,承受各种危险的考验也能不被不良情绪影响做出错误判断,只有这样才能成功地完成海上作业任务。你已经通过了前面三次,只差最后一关,你没有喝到自己冲的胜利的咖啡。因此,对不起,你不能在这里工作了。"

可以看出,当自己的不良情绪影响到工作时,能够保持良好的心态,得体地处理好人际关系和身边的各项事物相当重要。所以要学会去克服这些不良情绪,消除职业道路上的"雾霾"。

（1）体察自己的情绪。

也就是时时提醒自己注意："我现在的情绪是什么？"例如当你因为朋友约会迟到而对他冷言冷语时，问问自己："我为什么这么做？我现在有什么感觉？"如果你察觉你已对朋友三番两次的迟到感到生气，你就可以对自己的生气做更好的处理。有许多人认为"人不应该有情绪"，所以不肯承认自己有负面的情绪，要知道，人是一定会有情绪的，压抑情绪反而带来更不好的结果，学着体察自己的情绪，是情绪管理的第一步。

（2）适当表达自己的情绪。

再以朋友约会迟到的例子来看，你之所以生气可能是因为他让你担心了，在这种情况下，你可以婉转地告诉他：你过了约定的时间还没到，我好担心你在路上发生意外。试着把"我好担心"的感觉传达给他，让他了解他的迟到会带给你什么感受。什么是不适当的表达呢？例如你指责他："每次约会都迟到，你为什么都不考虑我的感觉？"当你指责对方时，也会引起他负面的情绪，他会变成一只刺猬，忙着防御外来的攻击，没有办法站在你的立场为你着想，他的反应可能是："路上塞车嘛！有什么办法，你以为我不想准时吗？"如此一来，两人开始吵架，别提什么愉快的约会了。如何"适当表达"情绪，是一门艺术，需要用心的体会、揣摩，更重要的是，要确实用在生活中。

（3）以合宜的方式纾解情绪。

纾解情绪的方法很多，有些人会痛哭一场，有些人找三五好友诉苦一番，有些人会逛街、听音乐、散步或逼自己做别的事情以免老想起不愉快，学会把注意力集中在自己的工作上也是有效的。一旦遇到让你生气，引发情绪波动的事情时，我们切记不要把注意力放在谁是谁非上面，而应把注意力集中在自己的工作上面。许多研究成果一致认为，转移不良情绪的最好办法就是增强自己的敬业精神和工作责任感。当你全

第一章
破解情绪"密码",做掌控情绪的大师

心全力忙于自己的工作时,心里只想着该怎样做好手头的工作,自然没有空闲去想那些烦人的事情。

要注意的是,纾解情绪的目的在于给自己一个理清想法的机会,让自己好过一点,也让自己更有能量去面对未来。如果纾解情绪的方式只是暂时逃避痛苦,而后需承受更多的痛苦,这便不是一个合宜的方式。有了不舒服的感觉,要勇敢地面对,仔细想想,为什么这么难过、生气?我可以怎么做,将来才不会再重蹈覆辙?怎么做可以降低我的不愉快?这么做会不会带来更大的伤害?根据这几个角度去选择适合自己且能有效纾解情绪的方式,你就能够控制情绪,而不是让情绪来控制你!

同一种性质的工作做得久了,当一切都轻车熟路、按部就班了,也就没有新鲜感和成就感了,甚至会有一种"吃剩饭"的感觉,觉得没意思、没兴趣,并且产生不良情绪。但是知道你能够学会如何调适、转化这些不良情绪,那么就很有可能让你对工作重新燃起热情,在工作中再一次实现突破。

6. 失控的情绪拥有毁灭性的力量

人的内心就好像一个气球,而当人产生情绪的时候就像是在往这个气球里面吹气。如果一个人对情绪无法加以控制,让这些"气体"无休止地注入"气球"之中,那么最终只会让气球爆炸,从而让内心彻底崩溃。

在之前我们说过,情绪本身并没有好坏之分,然而如果情绪失去了控制,那么它一定会造成极坏的甚至是毁灭性的结果。作为员工,无论你是在工作还是生活中，情绪都会在一定程度上影响你的思维和行动，而倘若出现失控的极端情绪，那么你就很有可能也随之产生极端的想法和行为，这很有可能伤害到你和你身边的人甚至给整个企业、社会带来危害。

张某于 2015 年 1 月来到长沙，在其同乡位于开福区伍家岭沙湖桥菜市场的一家饼店打工。张某性格内向，且脾气较暴躁，很容易因为一点小事就情绪失控，经常与同事因琐事发生争吵。因其来长沙后不习惯当地生活，对工作、生活感到很失意，经常不服从店内工作安排。很快他的领导对于他这种无法控制自己情绪的情况十分不满，于是意图给他结清工资并将其辞退。

张某在得知这一事情后，与领导再次发生争执，他手持店内切饼刀在沙湖桥街上追砍。张某将他的领导砍倒在地后，并对其猛砍导致其当场死亡，而后情绪极度失控，开始伤害现场无辜群众。

长沙市特巡警接警后赶到现场，见状立即鸣枪示警。但张某拒不配合并企图袭警，民警当即开枪将其击毙。

可能对于大部分员工来说，即便情绪失控往往也不会做出如此过激的行为。然而你不能忽视的一点是，情绪是可以不断积累的，失控的情绪也是如此。可能在最开始，情绪失控的程度并不严重，对思维、行为的影响也没有十分明显。然而如果对于失控的情绪没有足够重视并及时

第一章
破解情绪"密码",做掌控情绪的大师

加以控制,那么当它积累到一定程度后就会发生"爆发",从而一瞬间让你做出可能产生严重后果的行为。

当然,要想尽量避免情绪失控的情况出现,就必须在被失控的情绪彻底控制前先让自己冷静下来,这样你才能够去控制自己的情绪,而这通常需要你通过一些刻意而为的行为给自己施加一定程度的外部刺激,从而让自己变得冷静,也给随时可能爆发的极端情绪降降温。

(1)用冷水洗脸。

我想你可能常听到人说要冷静的话就去用冷水洗脸,不只是因为冷水有清凉的作用,其实这和"哺乳动物潜水反射"有关。所有的哺乳类动物,都有在海洋里生活的反射能力,引起这样的反射,能够让心跳速率降低10%~25%,当然情绪也就不会那么激动了。

(2)在即将承受压力前,尝试去阅读。

身处职场的你随时都可能迎来工作、生活上的压力,这些压力是导致情绪失控的重要原因。而在这其中,有不少即将到来的压力是可以预知的,比如即将来临的重要工作等。当你要面对这些压力时,不妨在之前先去尝试阅读一些书籍。赛萨克斯大学2009年有研究证实,透过阅读的行为,可以有效减缓最多68%的压力。

(3)静默十分钟。

当有极端情绪出现时,很多人会选择赶快告诉别人或是通过其他方法来表达这种情绪,总之就是想赶快将这样的情绪发泄出去。这通常只会火上加油,而且还会让你情绪进一步失控。当你已经意识到自己的情绪难以控制时,给自己十分钟的时间不要说话,冷静想想,或许你会发现自己平静了下来,思考方式也变得完全不同了。

(4)不要用消极的想法加剧情绪失控。

你可能觉得自己的情绪都这么激动了,哪能不有消极的想法,你可能通常会在遭遇困难时说"我真的完蛋了""我死定了"之类的话,但其实这只会让你更难冷静下来。下次可以试试告诉自己"没关系""我可以的",就算是催眠自己也好,你会发现事情真的没有自己想象中那么可怕。

(5)用经验法则提醒自己其实很坚强。

当不好的事情发生,你认为自己情绪即将失控时,可以试着想想以前有没有遇过类似经验,或是同样让你难过、痛苦的遭遇;接着再想想,你不都过来了吗,这只是人生另一道关卡,你曾经克服过,你现在仍然还可以再克服一次。

在职场中,各种困难总会以各种不同的姿态袭击你,让你措手不及,从而随时可能让你出现情绪失控的情况。不过,如果你不想让失控的情绪给你带来难以预料的后果,让自己后悔终生,那么就应该认识到情绪失控的巨大破坏力,努力去避免这样的情况发生,主动去学会控制自己的情绪。

7. 调节情绪不等于压抑情感

每个人都会有情绪,这是人的自然需要是否得到满足而产生的一种体验。然而,情绪又具有较大的暂时性和情境性,能够时好时坏。好的情绪,有利于你在工作过程中发挥自己的特长和优势;而坏的情绪,就如同对植物过度地浇水一般,超出了植物的需求量或吸收能力,就会对植物造成危害,甚至溺死。所以,我们要学会调节情绪,学会控制自己的情绪,尽量做到不让情绪失控,这样才能够在职场中平稳前行。

掌控自己的情绪,并不是说要压制自己的情绪,悲痛的时候强迫自

第一章
破解情绪"密码",做掌控情绪的大师

己不流泪,愤怒的时候强迫自己不爆发出来。即使是偶尔这样做一次,也是对身体有害的。

一味压抑非但不能够起到调节情绪尤其是释放负面情绪的作用,反而会让情绪不断在心中积累,最终由于内心无法承受积累过多的情绪而导致极端的情绪爆发,无异于饮鸩止渴,这样做带来的副作用是十分可怕的,不仅会导致情绪的瞬间爆发,长期如此,还会导致身体疾病或心理、精神疾病的产生。

小帆是一家公司的普通白领,年纪轻轻的她和许许多多上班族一样,每天往返于公司与家的两点一线之间。一上班,小帆就会径直走进自己的小隔间开始工作,俯瞰下去,那一个个隔间就像一块块被规整分割的农田,而小帆就是在农田中辛勤工作的小农夫之一。辛苦、加班之类对小帆来说倒不是什么问题,最让她难受的是,小帆一直觉得周围同事都在排挤她、看不起她、不愿意和她交往。虽然说不清为什么,但每天上班小帆都隐隐带着一种孤独感和卑微感,但是她却强行压抑着这种情感不表现出来,也不向任何人诉说,以至于她也不太主动和同事往来,与同事关系比较疏离。

小帆的工作内容比较依赖电脑,不太需要和人打交道,电脑几乎成了她唯一的交流对象。最近,小帆觉得电脑的状态越来越能左右自己的情绪了,当网速很慢、电脑很卡、键盘打字没反应等情况出现时,小帆就会变得焦躁,甚至有想砸了电脑的冲动。终于有一次,小帆正在处理一份重要文件,电脑突然死机没反应了,小帆一下子变得惊慌焦虑,不知所措。在尝试修复了几次没效果之后,小帆的情绪变得不满、愤怒、怨恨,她觉得连电脑都在故意和她作对,让她感到特别地委屈。积压已久的情绪终于爆发了，小帆抄起电脑的键盘，重重砸到了地上，把周围同事都吓了一跳。稍微平静后小帆就后悔了，一方面她不应该把怨气发泄到电脑上，毁坏公司财物；另一方面，自己会给同事留下"发神经"的印象，更加恶化了与同事的关系。

其实，小帆的表现并不罕见。英国有人曾经对 1250 名上班族的一项调查结果表明，80% 的被访者曾经自己或是见过同事对一些物品大动肝火，破口大骂，进而"拳打脚踢"，甚至把它们抛出门外或窗外。造成这一现象的主要原因，一方面是由于在互联网时代人与人的直接接触变少，另一方面也是由于不少人误把压抑情感当作是心理调节的方式，以为这样就能够控制自己的情绪，结果最终导致情绪的瞬间爆发。

其实调节情绪就像是一项"水利工程"，靠堵永远是无法解决问题的，最终只能让问题积累得越来越严重，从而导致极端的爆发。只有合理疏导、平稳释放情绪以及情绪所带来的心理压力，才能够真正达到调节情绪的作用。就像我们烧水一样，如果把情绪比作热水壶中的热气，要么释放热气，要么降低火势，或者直接把水壶从火上拿掉。如果只是压紧盖子不让热气释放出来，后果可想而知。在这一过程中，释放情感反而才是重要的手段。下面的这些方法可以释放情绪：

第一，焦点转移。情绪大多是因为刺激产生的。这种刺激可能是身体的，可能是内在的想法，也可能是外在事物或事件或人的触动。当我们在工作中发现自己有情绪并且情绪不当时，把自己的焦点从情绪源上转移到其他地方就可以有效地调节自己的情绪。比如，当你因为工作中的琐事而不开心时，你可以走出办公室散散心，或者给办公室里的花草浇浇水，这都可以转移你不开心的情绪。

第二，情绪释放。这一点当前职场人士十分热衷。工作压力大，人

第一章
破解情绪"密码",做掌控情绪的大师

们的情绪很容易过度。一味地压制过度的情绪对自身的危害很大。从长远来说,如果因为情绪压制而产生心灵扭曲,那就不仅仅会对工作产生不利,甚至会危害到社会。所以,情绪的释放就显得非常有必要,只不过要注意情绪释放的方式方法罢了。你可以痛哭、听音乐、写作、运动,等等,只要不损害自己的身体和他人及社会的利益,都可为之。

第三,行为介入。行为介入是指以某种行为的介入,从而切断情绪源。这和焦点转移有点类似。就好比焦点转移是把烧开的水壶从火上拿开,而行为介入则是用一个物件介入到火与水壶之间。比如抽烟、喝酒,都是行为介入。通过这些行为,可以暂时地切断类似失望、沮丧、无望、自卑等情绪源。当然,行为介入要选取积极向上的行为。

第四,状态调整。一定的情绪是伴随着一定的动作而产生的,比如愤怒时眉毛倒竖,牙关紧咬,拳头紧握,而在开心的时候眉毛舒展,嘴角上扬,全身放松。有意思的是,一定的动作又会产生一定的情绪。研究表明,对于一般人而言,不可能做到表情和动作愤怒而情绪却是愉快的。另外,如果你做出很愤怒的表情与动作,尽管你在做这之前心情非常好,但若持续愤怒的表情与动作一段时间,你会惊讶地发现,自己真的有点愤怒了。这就是状态对情绪的影响。所以,当情绪低落的时候,放松全身,尽量去想一些快乐的事,或者做一个笑脸,情绪就会有所改变。

第五,社会认知。要加强对社会关系、人际关系全面而正确的理解,时常让自己站在社会属性的角度审视自己,审视自己的情绪。这可以从根本上掌控自己的情绪。

第六,自我反省。情绪变化很大想要发作时,先让自己停下来,静下来,问问自己"我为什么会有这么大的情绪反应""当时这件事让我想到了什么""这件事勾起了我怎样的回忆""我是不是一直经历着类似的体验",诸如此类的问题能够帮助你接近自己的内心,找到自己出现某种情绪的根源，从而才能找到最合适的情绪表达方式。

如果发现自己确实存在不太客观的评价和想法，导致了某些负面情绪的出现，那就需要及时修正它，最简单的做法是问问自己"还有没有其他可能性"，一种过激的情绪可以令我们的眼界变得狭窄，忽视其他可能性，练习问自己"这件事带给我什么样的经验""我该如何做才能将这件事处理得更圆融"，有助于发现多种可能，跳出情绪制造的怪圈，从而也就不需要过分的情感表达来释放情绪。

压抑情感永远无法达到真正让你控制自己情绪的目的，只会让情绪不断积累，最终冲破内心的"闸门"，彻底摧毁你的心理防线。只有通过合理表达情感，张弛有度地去控制情感，该节制时节制，该宣泄时宣泄，才能够起到调节情绪的作用。

做情绪的主人，成就职场达人

一个人如果连自己的情绪都控制不住，那也一定无法主宰自己在职场中的命运。情绪会影响一个人的思想、行为、认知，而这些都是决定你在职场中能否成就一番事业的关键。可以说，只有成为自己情绪的主人，你才有机会成为职场的达人。

1. 控制情绪从观察情绪开始

我们看电灯在发光,学过物理的人都知道,其实是电流在交叉流动;我们看蜡烛在发光,仔细看,是一层层新的火焰产生;我们看河流在山谷中穿行,是一滴一滴的水连在一起向前走。情绪,也是一条河流,一个小念头接着一个小念头,在持续地积累。

如果你经过每一件事时,能观察到自己情绪的变化,及时处理消极情绪,就不会长期受到消极情绪的影响和左右。发现得越早自己越有能力处理,越晚发现情绪会积累得越厉害。当小溪汇聚成大河,力量就势不可挡了。

情绪不是光靠控制就能解决的,也要靠观察。只有你自己能够察觉到情绪变化,观察自己产生的情绪,才能最终掌控自己的情绪。

一个科学家早上起床没找到拖鞋,有点恼火。当时他没注意到自己在生气。去卫生间洗漱,这时候生气一直在自己生长,他刮胡子,不小心剃须刀掉地上了,捡起来不小心又掉了,他心情更糟。但他不能对剃须刀发脾气啊,他走出卫生间了解到自己的小孩昨天的作业没有做完,于是他大发雷霆,打了小孩一巴掌。他老婆觉得莫名其妙,于是他们吵了起来。科学家摔门而出,开车上班去办公室。但最后他没到达办公室,因为路上出车祸了。

整个事情的起因居然是因为早上没有找到拖鞋？实际上不是这样的。没找到拖鞋，如果他当时观察到自己的愤怒情绪，就不会表现出生气，因为他犯不上为一双拖鞋而愤怒；剃须刀掉了，如果当时他能察觉自己的愤怒情绪并及时缓解，也不会持续生气，因为他犯不上为剃须刀掉到地上这种每天都有可能发生的事情愤怒；当然他也就不会因为始终处于愤怒情绪中而因为小孩子没写完作业就打了他一巴掌，最终他就不会因为愤怒而出交通事故。

可见，懂得如何观察自己的情绪是能够调节和控制情绪的重要一步。你如果不希望有一天也因为没有察觉到自己的情绪变化而在工作、生活中遇到种种自己为自己设置的"悲剧"，那么就应该努力掌握观察情绪的方法。

控制情绪从观察情绪开始

第一步，用深呼吸的方法让自己集中注意力。

集中注意力对于进行情绪自我观察是相当重要的，因为只有注意力集中了，你才能有意识地进行观察。如何集中注意力呢？凯利·麦格尼格尔等美国心理学家们通过一系列实验发现：深呼吸能够让我们更好地集中注意力。

深呼吸，将呼吸频率降低到每分钟 4~6 次，也就是每次呼吸用 10~15 秒的时间，比平常呼吸要慢一些。只要你耐心一点，加上必要的练习，这一点不难办到。深呼吸，能够为大脑供应更多的氧气，激活理性脑，有助于你集中注意力。深呼吸几分钟之后，你就会感到平静，有控制感，尤其是注意力更加集中。

第二步，将注意力从外界的感知转移到自己内在的感知上，找到自己的"情绪信号点"。

这是情绪自我观察的关键一步，如果没有注意力的转移，就无法进行自我观察。在自我观察时，你可以想象把注意力由外界的某个点移动到身体的某个部位——比如心脏、腹部或者手部等——这个部位对于消极情绪必须是特别敏感的，它被称为情绪信号点。有的人有了消极情绪之后，手心会出汗，那么就可以把手心作为自己情绪变化的信号点。

一旦你选好了某个部位作为你的"情绪变化信号点"，你可以经常观察它，注意它的变化。如果你有情绪，就会注意到它会出现某些变化，如心跳加快、手心出汗等。根据情绪的强烈程度，观察点的状态会在非常强烈和不强烈之间变化。在你感到平静和愉悦的时候，也可以读出它的状态，你会体验到完全不同的感觉。

随着你读取"情绪变化信号点"技巧的不断提高，你会越来越快、越来越准地判断自己是否进入消极情绪状态。

第三步，观察自己当下的情绪状态，重点判断自己是想逃避，还是想与对方进行对抗。

集中注意力向内观察时，你就能清楚地感知自己的想法和身体的变化，尤其需要我们感知影响判断和行为最重要的两类情绪：逃避和对抗。

当自己想逃避时，你会发现内心往往会有愧疚感或负罪感，有不愿意面对对方或事情的意思，内心往往有这样的独白："真想尽快结束，真想赶紧离开这儿""我该找什么理由离开这里呢"……你的身体会有相应的表现，比如，你开始目光飘忽，不愿意直视对方，开始低头等，这些都是自己可以感知到的信号。

当自己想和引起情绪的刺激进行对抗时，你会发现内心往往会有愤怒，或有想批判、攻击对方的意思，内心往往会有这样的独白："都是你的错，才搞成现在这个样子""我真想砸烂某些东西，以解心头之气""这样的想法太烂了，根本行不通"。你的身体会有相应的表现，比如你开始目露凶光，直盯着某个人或物，你开始握拳，你的呼吸开始

第二章
做情绪的主人，成就职场达人

加快，这些都是你自己可以感知的信号。

做好这三个步骤，你就可以在受到外部刺激的时候做到及时观察自己的情绪，进而通过观察结果来了解自己的情绪变化，当意识到有些情绪变化是没有必要的或是过激的时候，就能有效地对情绪进行疏导和调节，从而避免被消极情绪所左右，做出一些会导致严重后果的事情来。

李伟因为公事要在早上去大连出差，结果发现钱包找不到了，身份证、银行卡、信用卡、现金都在里面，关键那个钱包还很有纪念意义，他的心情顿时烦躁起来。不过李伟觉察到了自己的情绪，他想：钱包丢了，心情再不好就损失更大了啊，只是补办麻烦一点而已，赶紧想办法解决吧。

李伟在机场办理临时身份证，办证的人有点拖拉，好不容易办完了，又说没有零钱找他，李伟说零钱就算了。而等他办好了去柜台办理登机牌，工作人员告诉他已经来不及了，早5分钟还可以，现在已经关舱门了。李伟顿时感觉到了焦虑和愤怒的情绪，身边有个人也是如此，他在大声抱怨。李伟淡定地笑了笑，因为他已经观察了自己的情绪出现了不该有的消极变化。

去售票柜台办理改签，工作人员告诉李伟说只能改签到晚上10点多。当时是上午10点40分，还要等12个小时。身边那个一样误点的人快崩溃了，咆哮说为什么这么晚，为什么下午没有飞机，为什么晚了5分钟就要等12个小时！李伟淡定地笑了笑，因为他意识到了消极情绪的产生并尝试进行调节，他已经不会再让这样的消极情绪继续积累了，这对于他没有任何帮助。

李伟让同事帮他把票退了，重新订了别的航班。打了几个电话处理了一下工作。然后他看到老婆发来的微信说，早上带老妈去医院，医生说老妈的糖尿病比较严重，小医院治不了，一定要去大医院治疗。李伟回电话问了一下情况，然后说你们下午去医院吧，实在不行就住院几天，应该问题不大，自己出差会尽快回来的，放心。

处理完这些事情，李伟安静地坐在机场把这个过程记录下来，观察整个情绪的过程。

假如李伟一开始没有观察到自己的情绪，他这天上午的情绪一定会非常消极且难以控制。钱包丢失，身份证、信用卡、银行卡都丢了，办证拖延让李伟耽误航班，老妈身体还不好……李伟会心浮气躁，会跟身边任何人发脾气，搞不好还会跟航空公司的人吵起来。但这样做除了伤害了自己，伤害了别人，对解决问题没有任何帮助。

庆幸的是李伟一开始就观察到了自己的情绪，每次情绪起来的时候，当下就能平复，有什么好烦躁的呢？说不定他的钱包能找回来，说不定老妈的病情很快能好转……

情绪就像是一条河，如果你总是不对它进行及时观察，这条河流会汇聚越来越多的小溪，水量也越来越大。当河流还处于平静时可能什么也不会发生，但是一旦暴发洪水，那么这股力量将摧毁一切。

合抱之木，生于毫末；九层之台，起于累土。你也许搬不动九层之台，但你可以很容易处理掉一小块垒土；你也许折不断合抱之木，但你可以很容易折断一棵小树苗。处理情绪也是如此。学会观察情绪，你才能在它还是垒土时就力图调节，在它还是小树苗时就合理修正，进而达到掌控情绪的目的。

第二章
做情绪的主人，成就职场达人

2. 约束行为，有自制力才有好情绪

你可能已经了解到情绪对于人的行为有着一定影响，有时强烈的情绪甚至对行为会产生决定性影响，让人完全丧失理智的判断，因此每个人都应该学会控制自己的情绪。然而你可能还不知道，行为同样也对情绪有着反作用，想要更好地控制、调节自己的情绪，有时你也必须要从约束行为开始，通过自制力对行为进行控制，从而达到调节情绪的目的。

可能这样说你还是无法理解为什么调节情绪还需要控制行为，那么不妨做一个简单的假设。倘若每年中有一天国家的所有法律都会完全失效，无论什么样的行为都不会受到法律的约束，那么这一天里人们的情绪将会是什么样子？如果你去了解一些充满动荡、战乱的国家里的人所处的情绪就会发现，他们大多被愤怒、恐惧、焦虑这样的消极情绪所控制，并且这些情绪会发展到极端的状态，因为每个人的行为都没有强制力去约束，这也是为什么战乱对人造成的心理伤害远比身体伤害大得多。

有的人在情绪失控的时候会砸东西、抓头发、捶胸顿足，有的人会拼命地往嘴里塞食物，直到撑得不能再撑……这些失控的行为都是因为坏情绪引发的，是一种情绪补偿的表现，在心情差的时候，吃甜食、冰饮，能带来好心情，舒缓坏情绪。但是，如果我们能学会约束这样的行为，在坏情绪来临的时候，也强迫自己不去砸东西、抓头发、胡吃海喝，强迫自己闭上眼睛，冷静三十秒，情绪是不是会得到一定的平复和

缓和呢？答案是肯定的。约束自己的行为是培养自制力的良好方法。自制力一强，对情绪的掌控自然也就更强。

工作时遇到挫折、能力不被重视，和同事间勾心斗角、恶性竞争，或是公司制度和环境不够健全、开放，失业率高涨等，都是引发职场不良情绪的原因。不良情绪来自外在的刺激与自我的认知之间的矛盾，不会凭空消失。不良的情绪若处理不好，会有许多负面影响，除了自己不开心，也容易得罪别人，使人际关系变差，导致工作不顺利，甚至职位不保，丢掉饭碗。同时，不良情绪也会带来身体上的负面效应，如失眠、胃痛等，更可怕的是不良情绪会引发行为失控，导致极为可怕的后果。

2017年2月18日发生的两起凶案，都是情绪失控导致的悲剧。

2月18日凌晨1点18分，扬州市邗江公安分局发布警情通报：失踪了3天的男童高俊逸确认被害。经查明，高俊逸系其母亲在管束过程中情绪失控将其杀害。这样的结果，出乎所有人的意料，因为一开始所有人都以为孩子只是走丢了……一时间，"扬州母亲杀死6岁儿子藏尸床下"的新闻骇人听闻。

无独有偶，2月18日中午，在武汉某面馆发生了一桩令人震撼的杀人惨案，面馆老板姚某被食客胡某砍杀，其中犯罪嫌疑人胡某系精神残疾二级。案发动机，据目击人介绍是因为胡某吃完面后，姚某要收6元钱，而胡某发现店里的招牌上写着"热干面5元"，就质问为什么要多收1元钱。姚某并未好好解释是因为春节涨价了价目表未涨，反而讥讽胡某"吃不起别吃"，二人发生激烈的口角。紧接着，两人情绪均失控发生肢体冲突，胡某拿起店里的菜刀砍向姚某，造成惨案。

第二章
做情绪的主人，成就职场达人

在这两件惨案中，不难发现同一个现象：这两个惨案的发生都是因为情绪失控发生争吵，然后引发动手，导致死亡。就以武汉面馆的老板姚某来说，这种结果完全是可以避免的。他完全可以赔个笑脸，好好解释，控制好情绪，就能免于死亡。虽然胡某有精神残疾，但并不是一开始就无理取闹的，而是因为姚某的恶意言语和不耐烦的态度，才触发了胡某的精神病症。如果一开始姚某就好好说话，好好解释，是不是就不会有这样惨烈的结局？

再说那个杀死自己儿子的妈妈，事后她悔恨不已：有哪个6岁的孩子不任性、不犯错的呢？没有哪个母亲会不爱自己的孩子，可是就在那一刻，她也是真真切切地被孩子气傻了眼了，打孩子打疯了……如果她的自制力再强一点点，懂得适当约束自己的行为，打孩子可能也就是警戒一下，绝无可能发生这样的惨剧。

可见，天堂和地狱的区别往往就在控制情绪的一念之间，就在约束自己行为的一刹之间。

所以自制力相当重要，有自制力才能有好情绪。能有效约束自己的行为，才能有效控制自己的情绪，才能做一个情绪平和、心态稳定的人。

当然，要提升自己的自我控制力，约束行为，控制情绪，并不是一件简单的事情，这需要你能够改变一些根深蒂固的心理误区。

首先，你必须意识到，每个人都不该向往绝对的自由。在漫漫历史长河中，从来就没有任何一个画面，人们是以绝对的自由为荣，恰恰相反，那些能够对自己进行约束的人往往铸成了光辉的形象。在工作中，也许你必须干一些自己不想干的事，放弃一些自己深深迷恋的事，这会让你感到一定的"约束"。但是，为了自己能够保持健康的情绪状态，为了能让自己获得成功，你不能试图摆脱这样的"约束"，而是应该在约束行为的过程中一步步沿着既定的目标，稳妥地前进。

其次，你必须明白，追求行为上的"自由"只会让你更深地被束缚，尤其是你的内心。自由并非来自"做自己高兴做的事"，或者采取一种不顾一切的态度。自己来战胜自己的感情，证明自己有控制自己命运的能力。如果任凭感情支配自己的行动，那便使自己成了感情的奴隶。一个人，没有比被自己的感情所奴役而更不自由的了。

最后，当你在进行某种行为时，不要着眼于它当下能够给你带来多大满足感，而应该从长远的结果进行反推，看看某个行为是否应该被约束。每个人都在通过努力做使自己生活更有意义的事，并且在向着未来的目标奋进。但是，生活在现实的世界中，你绝不应该采取仅使今天感到愉快的态度而丝毫不顾及明天可能发生的后果。你的感情大都容易倾向于获得暂时的满足，所以，要让自己善于约束自己的行为。必须注意的是，那些提供大量暂时满足的事，通常就是对你长期的生理、心理健康最有害的事情，是阻止你获得成功的最大障碍。因此，你应当努力预测自己所做的事情对将来可能产生的后果，不论你现在如何享受某种不被约束的行为所带来的快乐，深谋远虑总会有益于你考虑未来。那些总是失败的人一再使用"我没有另外的选择，我不得不这样"这种借口。而实际上是他们不愿付出短期约束行为的代价，从而让自己无法控制由此带来的不正常情绪。一个没有养成自我约束习惯的人，可能反复地屈从于一种诱惑而从事一种不该做的事，从而让他不断产生不该有的情绪并无法排解，最终成为他失败的祸根。

一个人一旦失去了行为上的自制与约束，就会轻易被击败，这也许是一条铁的定律。控制自己的行为不是一件非常容易的事情，因为每个人心中永远存在着理智与感情的斗争。行为的自我控制、自我约束也就是要一个人按理智判断行事，克服追求一时感情满足的本能愿望。而当你做到了这一点，你就会发现自己的坏情绪变少了，好情绪变多了。

第二章
做情绪的主人，成就职场达人

3. 工作需要激情更需要理智

激情与理智是人生飞翔的两条翅膀，一条产生力量与勇气，另一条把握方向与平衡，缺少任何一条都将使你无法到达智慧的峰峦。工作也是一样，需要激情更需要理智。

在职场中，不少成功者都有着一个相同的特点，那就是在工作中会充满激情，将自己的热烈情绪投入到工作当中，让自己能够全身心地投入和享受，从而让自己的工作效率、工作成绩有显著提升。于是乎，有些人就开始效仿，让自己在工作中释放情绪，增加激情。这样做虽然在一定

程度上可以提高你的干劲儿，但是如果不懂得适可而止，不能将激情控制在合理的范围内，就会在工作中失去理智，完全任由情绪左右自己的行为，那将对你的工作产生严重不良影响。

投入激情对于做好工作确实很重要，不过你应该意识到，工作不仅仅需要激情更需要理智，这样才能够让你避免出现失误，正确地做出判断和选择，让整个工作过程有条不紊循序渐进，也避免了在工作中与人进行交流时给他人不好的交流体验。在工作中，感情用事是最愚蠢的行为，当你激情满满地进行工作时，也绝对不要让情绪泯灭理性，要学会控制自己的情绪，让激情保持在合理的程度上，让理智与激情并存，这

才能够让激情成为你更好完成工作的帮手。否则，你的激情只会让你做出错误的决定。

小王是一家时装公司的中层管理人员，平时工作业绩不错，人缘也还可以，但就是脾气有点大，易情绪化。一次，她的上级推开她办公室的门，把一份文件摔到她桌前，说道："你这份文件做得太差劲了，还能不能干啊？不能干走人！"其实上级也就是发一下脾气，结果小王不干了，回头就冲上级喊道："不干就不干！我倒要看看我离开公司能不能活！"上级以为她也只是一句气话。结果第二天一早，小王向公司提交了辞职信，真的走人了。

上级听到这个消息后，感慨道："唉，年轻气盛啊。一点气也受不了，以后出去还得继续碰壁啊！"结果，小王出去后在每家公司都没有干多长时间，几年后仍然干着最基础的工作，她一时气盛辞职的案例也成了公司的笑谈。

职场生存，要激情更要理智。别以为做事风风火火、快刀斩乱麻，就是好事。如果你怒气冲冲地找上司或什么人表示你对他的安排或做法的不满，很可能就把他也给惹火了。所以即使感到不公平、不满、委屈，也应当尽量先使自己心平气和下来再说。也许你已积聚了许多不满的情绪，但不能在此时一股脑儿地抖出来，而应该就事论事地谈问题。过于情绪化将无法清晰地说明你的理由，而且还使得对方误以为你是对他本人而不是对他的安排不满，如此你就应该另寻出路了。

增强理智感，可以使我们遇事多思考，多想想别人，多想想事情的后果，认真对待，慎重处理。当想与人争吵时，也可反复提醒自己："千万别发怒，要冷静。"这样，就可以遏制情绪冲动，避免不良后果。

很多时候，冷静下来，多分析一下情势，多理智地思考一下，或许结局会更好。不仅仅是跳槽，做其他的事也是一样的。在做出最后决定之前，不妨多问几个为什么和如果：为什么要这样做？为什么不那样做？如果不这样做会怎么样？如果那样做结果又如何？……问得越多，越有利于自己做出理性的决定。

有理智的人懂得无论做什么都要有节制，保持平衡，不要过分。有了理智，你才知道该做什么，不该做什么。理智认同的事八九不离十，而理智不许做的事，都是在寻常状态下不应该做或不能做的事。有了理智，你才知道该怎么做，不该怎么做。理智能使人审时度势，扬长避短，走向成功。而缺乏理智的人，往往凭借一时的冲动去行动，枉费了时间、精力，到头来一事无成，甚至头破血流。有了理智，你才能正确对待职业道路上的各种境遇。胜不骄，败不馁，顺境不头脑发热，受到冷落以至羞辱也能保持冷静。没有理智，就会忘乎所以，或一触即跳，或失去信心，或在愤怒中迷失方向。

当然，要想在保持工作激情的同时也保持理智的状态，你就必须在工作中做到以下几点，时时让理智占据头脑的主要位置，而让激情更多停留在心中，而不是影响到头脑。

（1）工作中遇事三思而行。

俗话说得好：遇事三思，切忌鲁莽，理智行事。在做事情的时候要三思而行，不能鲁莽行事。在做事前仔细思考能够让你唤醒心中的理智，成为一个有理智的人。在做事情的时候，就会保持平和的心态和冷静的头脑，就会摆脱不良情绪的控制，就会考虑周全地处理所发生的问题，就会积极地应对工作中发生的问题和困难。

而如果在工作中总是凭着一腔热血去干事，遇到问题就有可能因为不受控制的激情变得暴跳如雷，就会被情绪占据大脑，头脑发热地干出一些对自己或周围人乃至整个企业有害的事情来。

（2）培养自己宽广的胸襟，客观看待工作中的每件事。

宽广的胸怀是让你能够在激情工作中保持理智的重要素质，它同时也是一种人格上的魅力，一种精神。理智代表人们本身一种向上的高尚品质，不理智则是鲁莽之人自身体内的一种原始的冲动。人的理智一旦被妨碍，情绪就会占据支配地位。培养宽广博大的胸怀，你就能站在更客观的角度上去分析工作中的事情和问题，也能懂得要站在对方的角度去思考，不会独断专行、固执己见地把一己之想视为绝对正确，更不会画地为牢、故步自封，听不进去别人的一点儿建议、解释和想法。

你可能听说过这样一句话：成功的条件在于勇气、自信和激情。然而这句话其实还有后半句，那就是：这些勇气、自信和激情应该来自由理智控制的健全思想和健康体魄。失去了理智，激情将变成野火，烧光你在工作中辛辛苦苦创造出的一切。而只有在理智基础上的激情，才能成为永不熄灭的灯火，照亮你职业生涯的前路。

4. "装"出好心情助你走出痛苦

内心再怎么强大的人，在遭遇不良外部刺激的时候也难免会在心中产生消极情绪。谁都清楚，人生之路会有坎坎坷坷、风风雨雨。人的一生中，谁都尝过生活的酸甜苦辣，经历过悲欢离合，也曾遭遇过各种各样的困难和挫折、意外的不幸和伤痛。俗话说：家家都有一本难念的经，人人都有一段难唱的曲。有时候那烦恼的事儿，往往还会一件接着一件地搅进你人生的漩涡。既然谁都无法避免陷入痛苦，那么就应该尽可能让自己心情好起来，快一点从痛苦中走出来。如果心情好不起来，

第二章
做情绪的主人，成就职场达人

不妨多"装一装"，"装"得久了，好心情也就成真的了。

美国心理学家霍特举过一个例子。有一天，友人弗雷德感到意气消沉。他通常应付情绪低落的办法是避不见人，直到这种心情消散为止。但这天他要和上司举行重要会议，所以决定装出一副快乐的表情。他在会议上笑容可掬，谈笑风生，装成心情愉快而又和蔼可亲的样子。令他惊奇的是，不久他发现自己果真不再抑郁不振了。弗雷德并不知道，他无意中采用了心理学研究方面的一项重要新原理："装"着某种心情，往往能帮助他们真的获得这种感受——在困境中有自信心，在不如意时较为快乐。

可见好心情是可以"装"出来的。从前心理学家都认为，除非人们能改变自己的情绪，否则通常不会改变行为。我们常常逗眼泪汪汪的孩子说"笑一笑呀"，结果孩子勉强地笑了笑之后，跟着就真的开心起来了。这就是情绪改变导致行为改变。心理学家艾克曼的最新实验表明，一个人老是想象自己进入某种情境，感受某种情绪，结果这种情绪十之八九真会到来。一个故意装作愤怒的实验者，由于"角色"的影响，他的心率和体温会上升。心理研究的这个新发现可以帮助我们有效地摆脱坏心情，其办法就是"心临美境"。

例如，一个人在烦恼的时候，可以多回忆愉快的时候，还可以用微笑来激励自己。当然，笑要真笑，要尽量多想快乐的事情。高声朗读也有帮助，只是读书时要有表情，且要选择能振奋精神而非忧郁之作。一项心理研究显示，心情烦恼的病人带着表情高声朗读后，他们的情绪会大为改善。

"装"出好心情，可以让自己内心中的情绪相互中和，从而降低消极情绪存在的时间。这也是一种自我安慰。

什么叫"自我安慰"？就是自己先要端正自己的心态，想法子早点让自己从暴躁、恼怒、悔恨、悲伤、恐惧、不安、失望的泥沼中解脱出来，也就像自己平时安慰别人那样来安慰自己。你应该学会运用"利导思维"的方法。"利导思维"就是把一切思考导向对自己有利的方面，也就是无论遇上什么不好的事，多往好的方面去考虑，凡事多从正面去理解。在不利的事情中看到有利因素，改变认知角度，调整比较对象，破除思维定势，培养正面的、积极的、良好的情绪，消除负面的、消极的、恶劣的情绪，从而构成自己的心理优势，及时抚平心灵创伤。

有位老人叫朱长彬，他饱经岁月的沧桑，如今已96岁高龄的他，却仍然精神矍铄、谈吐清楚，虽然腰背见弯，但走路平稳，虽然耳已半聋，但老眼未花，还能穿线纫针为自己钉钉扣子，补补袜子。他是个闲不住的人，现在还在楼前栽花种草，浇水施肥，家里的桌椅坏了还都能自己拉锯、敲钉、打卯精细修理……

朱长彬老人一生坎坷，家庭多灾多难。他38岁时，大女儿英年早逝，他44岁时妻子又病逝，早年丧女，中年丧妻。亲人的相继离去使他悲痛欲绝，但他没有沉浸在悲伤和痛苦之中，他自我调节，自我安慰，克制了居丧的痛苦，战胜了悲痛，走出了困境。他自慰地说："我不能去顾死的，我还要顾活的呀！"

从1957年妻子逝后，他就带着二女儿和小儿子艰难地生活。白天下地干活，收工后再给孩子做晚饭、洗洗涮涮，既当爹又当妈，晚上还去生产队喂牲口。他说："事儿摊上了自己

第二章
做情绪的主人，成就职场达人

要多劝一劝自己，别老想不开，别老唉声叹气，多干点儿活，干活干累了，你就能睡个好觉，你就能忘掉一切伤心的事儿。"不幸的是在他76岁时，二女儿又突然病逝了。他老泪纵横地说："人有朝夕祸福，天有不测风云啊……"朱长彬老人仍然自己安慰自己。他的一生就是用自慰来化解自己心中的痛苦的，缘于他有一个良好的心态。倘若不是这种"装"出来的快乐，不是老人懂得自我安慰，恐怕他也不可能成为一个老寿星。

相比于他经历的苦难，在工作中遇到的大部分导致你产生消极情绪的事情，应该都不是什么大事。因此，如果你也能够学会自我安慰，用"装"出来的好心情帮助自己度过痛苦的时期应该不是一件多难的事情。

不过，"装"也是需要方法的，会"装"才能"装"得像、"装"得真，装着装着好心情就随之而来了。

（1）回避法。

当人陷入心理困境时，最先也是最容易采取的便是回避法，躲开、不接触导致心理困境的外部刺激。在心理困境中，人的大脑往往形成一个较强的兴奋中心，回避了相关的外部刺激，可以使这个兴奋灶让位给其他刺激引起的新的兴奋中心。兴奋中心转移了，也就摆脱了心理困境。"耳不听心不烦"，正是说的这一道理。比如，当你搞砸了一项工作而深陷痛苦时，你不妨想想生活中那些你能够做好或是已经做好的事情，告诉自己你在很多方面还是能够把事情做得很成功的，这是一种智慧。通过一种大智大勇来逃避，这是有效的心理自救，也是客观回避法。可以"装"作不在意，"装"作很开心，就能忘记这些不愉快。此外，还可采取主观回避法，即通过主观来强化人的本能的潜在机制，努力忘掉或压抑自己痛苦的经历。在主观上实现兴奋中心的转移，注意力转移是最简便易行的一种主观回避法。在你痛苦愁闷的时候,集中精力去做一件有意义的事,自然就回避了心理困境。

(2) 转视法。

并不是任何客观现实都可以逃避。有时候,同一现实或情境,如果从一个角度来看,可能引起消极的情绪体验,陷入心理困境;而从另一个角度来看,就可以发现积极意义,从而使消极情绪转化为积极情绪。所以把视线转换一下,也一样可以"装"出好心情。

相传一位老太太有两个儿子:大儿子卖伞,二儿子晒盐。为两个儿子,老太太差不多天天愁。愁什么?每逢晴天,老太太念叨:这大晴天,伞可不好卖呦。于是为大儿子愁。每逢阴天,老太太嘀咕:这阴天下雨的,盐可咋晒?于是又为二儿子愁。老太太愁来愁去,日见憔悴,终于成疾。两个儿子不知道如何是好。幸一智者献策:"晴天好晒盐,您该为二儿子高兴;阴天好卖伞,您该为大儿子高兴。这么转换个看法,就没愁发喽!"这么一来,老太太果然变愁苦为欢乐,心宽体健起来。

对于你来说也是如此,在审视、思考、评价某一客观现实情境时,学会转换视角,换个角度看问题,就有可能让使你感到痛苦不堪的心理困境化为乌有。

(3) 学会运用"酸葡萄与甜柠檬"心理。

伊索寓言说,一只狐狸吃不到葡萄,就说葡萄是酸的;只能得到柠檬,就说柠檬是甜的,于是便不感到苦恼。心理学便借用来,把以某种强行"合理化"的理由来解释事实,变恶性刺激为良性刺激,以求心理自我安慰的现象,称为"酸葡萄与甜柠檬"心理。不错,在自我安慰时所谓的理由不过是"自圆其说",但确实有维护心理平衡,实现心理自救之效。让自己"装"着一切都很好，那一切也就会真的很好了。比如，你的单位里评职称，不可能每人一份，如果你没有评上，你大可以这样想：为此茶饭不思就太不值得了，这次评不上还有下次，再说，没有职称也一样，有实实在在的业绩就不掉价，何必为个虚名玩命。这不是"精神胜利法"吗？正是。精神胜利法不该被瞧扁了，有些不如意的事情摆在那里，如若能改变，当然该向好处努力；如若已成定局，无法挽回，就该宽慰自己、接纳自己、承认现实，这比垂头丧气、痛不欲生不知要好上多少倍。

（4）调低你的期望值。

人出于本能会不断提高自己的人生期望值，在职场中的你也会出于这一本能不断提升自己的事业期望值。这自然有其积极意义，它是个人进取、社会进步的一种心理驱动力。但"物极必反"，一味不切实际地以过高的期望值来对待工作，也许正是有些人每天都在郁闷愁怨的心理困境中消磨宝贵时光、终生不能享受到工作中的快乐和幸福的心理根源。期望值越高，心理上的情绪冲突越大。

于"官"念，于"钱"途，于"物"欲，调低期望值；于事业也该如此。虽然，"志当存高远"一向为人称道，但没有芸芸众生何谓社会？虽然"不想当将军的士兵不是好士兵"，但没小小兵卒组成军队，谈何将军？天上只有一个太阳，地上只有一个珠峰。群星虽没有太阳耀眼，同样熠熠生辉；群山虽没有珠峰高大，同样勃勃向上。当你因为没有取得自己认为应有的成功而陷入痛苦时，不妨告诉自己："没有花香，没有树高，我是一棵无人知道的小草。"拥有了小草的境界，便告别了痛苦，拥有了好心情。

"装"出好心情并不仅仅是让你强颜欢笑，而是绕过那些心中的痛苦，把精神中心放在那些能够让你感受到快乐的东西上，并不断扩大这些快乐在心中所占的比重。这样无论是当初你认为多么难以承受的痛苦，都会渐渐被快乐所浸染，最终逐渐消减，并成为能够轻易处理掉的小问题。

5. 及时释放情绪，摆脱情绪"负债"

前面我们说过，掌控情绪的关键不是压抑情绪，而是释放情绪。因为压抑情绪只会让不良情绪堆积，导致情绪"负债"，后果更严重。因为被压抑，克制的意愿和情绪就是一种在心理上积蓄起来的能量。它可以通过别的途径转移，却不会被直接消灭。虽然在你的压抑、克制阶段往往意识不到它还存在，但这只说明它不在"显意识层"出现，而且很可能成了隐藏在心理深处的"暗流"，这种"暗流"会像滚雪球一样越滚越大，而聚积在心里深处的暗流如果找不到宣泄的途径，就会越涨越高，在心理上形成强大的潜压力。要么人们高筑心理的堤坝，防止它们外流，而这势必使人在心理深处与外界日益隔绝，造成精神的忧郁、孤独、苦闷和窒息；要么这股暗流冲破心理的堤坝，使人显现一种变态的行为，甚至导致精神失常。心理学家的研究表明，情绪对人的能量消耗特别大，很多癌症患者就是因为长期积累的怨恨、压抑情绪得不到发泄，才身患绝症。所以，不要让情绪"负债"，要及时释放情绪，为情绪找到最佳的出口，才既有利于身体的健康，又便于调节自我心态，改善情绪，以最健康的心理状态来面对工作。

在日本，不少企业在心理学家的建议下，设立了所谓"特种员工室"。房间里陈设有经理、车间主管、班组长的人偶像及木棒数根，工人对某管理人员不满，可以棍打自己所憎恨的人偶像，以泄愤怒。

在服务业发达的美国，近几年来也诞生了各种"泄气中心"，专为在现实生活中受了冤屈而想发泄的人服务。在这样的"泄气中心"，有专门的服务人员提供一对一的服务。来到宣泄"泄气中心"的人，可以对着服务生大喊大叫，也可以当头臭骂，甚至可以拳打脚踢，但服务生的服务原则是"打不还手，骂不还口"。

这都是为情绪找到的很好宣泄出口，以免让情绪压抑在心里，形成情绪"负债"，影响我们的工作和健康。

情绪不仅是你最友善的朋友，也是最可恶的敌人。一些情绪会毫无预兆地悄然爬山心头，而另一些情绪则喜欢在心灵深处找一舒适处，安营扎寨，长久扎根。

若谈到像快乐、兴奋等乐观情绪时，你往往会敞开双臂，无比欢迎。反之，谈到像焦虑、生气等负面情绪时，你不仅不欢迎还会将其拒之门外。但这种做法有个问题，就是拒绝负面情绪，只保留乐观情绪的美丽结局并不可能。因为对于情绪，你无法择优而选。

负面情绪是你情绪构造的一部分。你无法摆脱，亦无法隐藏。与其每次乖乖地成为负面情绪的人质，任其摆布，还不如改变看法。拒绝负面情绪不会让它消失，只会让它在你的心中渐渐积累力量，形成情绪"负债"，直到你再也无法偿还这笔"债务"的时候它就会进而控制你。而如果你能够接受这些负面情绪并及时用恰当的方法释放它，那么负面情绪只会昙花一现，而非永久在你的内心徘徊，给你造成长期的心理负担。释放情绪的方法有很多，可以选择适合自己的方法。

（1）倾诉法。

美国《读者文摘》曾记载过这样一个真实的"笑话"：一天深夜，一位医生突然接到一个陌生妇女打来的电话，对方的第一句话就是："我恨透他了！""他是谁？"医生问。"他是我的丈夫！"医生感到突然，于是礼貌地告诉她："你打错电话了。"但是，这位妇女好像没听见似的，继续说个不停："我一天到晚照顾四个小孩，他还以为我在家里享福。有时候我想出去散散心，他却不肯，而他自己天天晚上出去，说是有应酬，谁会相信……"尽管这中间医生一再打断她的话，告诉她，他并不认识她，但是她还是坚持把自己的话说完。最后，她对这位素不相识的医生说："您当然不认识我，可是这些话已被我压了多时，现在我终于说了出来，我舒服多了，谢谢您，对不起，打搅您了。"

这个"笑话"中的妇女是很令人同情的。她的举动看似错乱，实际很正常。它形象地说明了一个人压抑已久的情绪总要找到倾诉、宣泄的地方，而且往往是蓄之愈久，发之愈烈。同时也说明"倾诉"是一个发泄、释放情绪的很好的办法。我们也不妨使用。

倾诉的对象可以是你的朋友、你的恋人、你的师长，只要能找到倾诉的对象，就能化解你的消极情绪。所以，打个简单的比方，倾诉就像倒垃圾一样，及时清除可能会污染你心灵的污染源，让你堵塞的心灵畅通起来。

（2）记录法。

把坏情绪从我们的脑袋里倒出来，写在纸上，这是一种惊人的宣泄

方式。把不满的心情用写日记或是写信的方式记录下来，写给最好的朋友或是最想痛骂一顿的人，都可以。写好了以后，也许你并不会寄。等过三天之后再把信看一遍，也许出气的信会变成好笑的信。也许写完之后，愤怒的心情也早已雨过天晴了。

（3）哭喊法。

科学研究发现，流泪可以减轻乃至消除人们的压抑情绪。为了能解释这一现象，生理学家对人的眼泪进行了化学测定：因情绪冲动而流出的眼泪的成分与眼睛受到刺激而流出的眼泪的成分是不尽相同的——前者含有特定种类的蛋白质等物质。人因情绪冲动流出眼泪，能把体内与精神受到沉重压力而产生的有关化合物散发出来并排出体外。流泪可以帮助人们通过化学过程来发散精神上的压力。这就如同夏天的暴风雨，越是倾盆而下，天就晴得越快。

可以说，哭是导泄忧伤情绪的一个重要阀门。许多人在痛哭一场后，痛苦和悲伤心情减少了许多。如果总把这个阀门关紧，往往会积郁成疾。我们大多数人也许都有这样的体会，几乎所有的女人一生气就流泪，而许多男人却怒而不泣。有关专家指出，一些成年男子总是把伤感情绪压抑在心灵深处，尽管他们能强忍住悲哀的泪水而不露声色，但是被"截流"的紧张情绪总是要找到逃逸的渠道，这个渠道就是由紧张情绪可能导致的疾病——胃溃疡、结肠炎等溃疡病和各种慢性炎症。这也许是男人的寿命比女人短的原因之一。

不过，男人要是真的不想哭也没关系，可以喊出来，同样可以达到宣泄的效果。体验过在山顶狂吼的感觉吗？是不是吼完之后感到非常的轻松？这种宣泄情绪的方法很简单，只是要注意地点与时间，不然会产生不必要的误会。可以选择离家最近的山顶，也可以选择人烟稀少的河边，你听到的回响越大，喊完之后就感到越轻松。

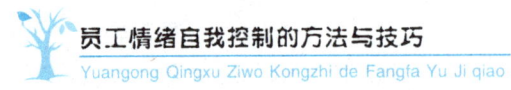

(4) 冥想法。

深呼吸、让思想平静下来是释放负面情绪最简单却最有效的方式，但并不容易。找一处安静之地，静坐 10～15 分钟，将精力集中于呼吸或咒语（我发现，吸气时说'Let'呼气时说'Go'，简单，效果却颇佳）。当我们有了冥想的惯例，活跃的思维就会平静下来，我们可以更好地调整自己，反过来也能清空思想。不过，保持时刻留心能从各种思想中创造出更多空间。这样的话，当负面情绪渐渐涌来时，我们就能马上意识到。待其如雪球般越滚越大，进而萦绕你一整天甚至一周前，就把它扼杀于萌芽中。

(5) 运动法。

运动是缓解消极情绪最简单而有效的方法之一，因为消耗体力是人类自然的发泄途径。运动后，身体会恢复正常的平衡状态，不但会感觉补充了体力，还会感到精神焕发。相关研究已经证明，适度的有规律的运动，可以增加肌肉的强度、韧性和弹性，可以减轻肌肉的紧张，减少肌肉的痉挛、抽搐或颤抖。

运动包括有氧运动和低密度运动两种。有氧运动是指使肌肉做持续而有节奏的运动，包括跑步、游泳、跳舞等。由于有氧运动使身体消耗大量的氧气，心脏跳动的速度、力量及肺活量都大大增加，同时，细小的血管也会放松下来，以使更多带氧的血液通过动脉血管及较大的血管送到全身的肌肉去，全身的肌肉组织都充满了新鲜足够的氧气和血液，因此，运动后，你会感到全身放松。

低密度运动是指无节奏、不强烈或持续时间不久的运动，它可以增加肌肉的韧性、强度及关节的活动能力，可是对心脏、血管系统没有多大的帮助，这些运动包括散步、清扫屋子、购物等。

总之，通过这些将负面情绪转移到一些对他人或自己不会产生不利影响的行为上，借由这些行为建立情绪释放的出口，释放自己心中积压的负面情绪,这样做既能够调节你的情绪,同时也不会产生太大的"副作用"。

当情绪释放得差不多了,你还必须要做的一个步骤就是改变观念。有句名言这样说道:"一念天堂,一念地狱。"简单地说,观念即一切。如果你不希望每次负面情绪袭来时,自己都随时会有失去理性的危险,那么就应该在每一次负面情绪得到释放后从中进行总结,改变那些本不该出现的错误观念。学着深吸一口气,问自己:"换个角度看待这一情况,如何?"理论上,一切事物都有两面,而你究竟该抱以怎样的观念也会随之得出结论。

要想真正掌控自己的情绪,那么你就必须要接受产生在心中的负面情绪并学会如何释放它,千万不要让"悲伤逆流成河"的悲剧发生在自己身上。时不时观察一下自己的情绪,杜绝情绪"负债",及时清理掉那些产生在心中的负面情绪,你就会发现自己始终都能处于积极向上的状态中,在工作上也是无往而不利。

6. 让积极信念贯穿工作始末

海明威曾说:"人可以被打败但不可以被打倒。"

人生的困难、失败、挫折无处不在,职场尤其如此。很多时候一个人心中产生的大量负面情绪并不源自客观环境带给了他怎样的不良体验,而源自他心中的负能量,也就是消极信念。举个例子,如果你觉得这个世界对你是不公平的,那么你就会将一切失败归咎于客观因素,而当你发现这对于帮助你走出困境没有帮助时,心中就会急速积累负面情绪，导致情绪失控。

相反，看看那些职场上的成功者，他们多是积极信念的拥护者，在他们身上，你能看到没有任何困难可以压倒的顽强精神。他们总是以积极的信念支配和控制自己的人生，战胜自己的缺陷。有人认为成功依赖于某种天分，某种优越的条件，但是实际上成功来自积极的信念所带来的强大情绪控制力。同样的困境，同样的际遇与磨难，有些人可能会很快因为不断增长的消极情绪垮掉，有些人却能站起来。在经历磨难上谁也不比谁占一定的优势，关键是你能否让自己的积极信念压过外界的消极影响。

对于你来说，在职场中想要始终保持对情绪的控制，让更多积极情绪来给你始终前进的动力，那么至少就应该能够让心中有以下五个积极信念。

第一，相信困难的价值是十分巨大的。

困难是具有价值的。有时困难的价值比成功的价值还要大，对能够欣赏困难的人来说，一个困难来临就意味着一次机会的到来，解决了这个困难，迈向成功的可能性就又增大了一些，失败的人抱怨困难，而成功的人则挑战困难，利用困难磨炼自身。

张居正13岁时赴武昌乡试。阅卷官员看到他的试卷，不禁拍案叫绝。此时，恰逢湖广巡抚顾璘到武昌遂游，也看到了张居正的试卷，巡抚感叹道："小小年纪，如此文采斐然，才思敏锐，果真是将相之才啊。不过，最好这次还是让他落第为好。"

阅卷官员不解，忙请教。巡抚大人说："如此才华横溢者，如过早发达，则易起骄傲膨胀之心，日后恐怕会断送了上进心。让他少年时落第，经历挫折，看到自己的不足，反而更

第二章
做情绪的主人，成就职场达人

能激发起奋起向上之心。"

后来，张居正果然成为中兴明朝、名留史册的杰出政治家，这同他少年"落第"，经受过挫折的磨炼不能说没有关系。

可见，这个湖广巡抚顾璘是个能够看清困难实质，并且懂得利用困难的人。而张居正则是敢于挑战困难的人。

遇到困难，不要抱怨，也不要沮丧、发怒、难过、发牢骚，这些都不是应有的态度，是会让消极情绪蔓延的表现。相反，应该对困难的来临表示欣喜，因为在困难中你可以得到更多的磨炼，在失败中你可以获取更多的经验。如果你是一个具有雄心壮志和远见卓识的人，就应该能够经受住失败和挫折的考验。

第二，坚决不逃避任何现实。

当你在工作中遇到了一些事情，你做了退后的选择，请想一想你是不是在逃避，你逃避的真正原因是什么。如果是因为你自身引起的，选择逃避并不能解决问题，只会把问题带到明天去，让问题带来的负面情绪始终影响着你。有很多人都把拖延作为其逃避问题的常用手段，而结果常常是把自己的职业生涯搞得一团糟。逃避并不能彻底解决问题，相反，它会把潜在的问题"养大"，变得更加困难，甚至无法收拾。只有勇敢地面对发生的一切，然后积极主动地解决其中的问题才能改变环境对你情绪的掌控，而让情绪的控制权回到你手中。

第三，坚决相信自己。

一个人只要拥有自信心，那么他就能成为他所希望成为的人。也许有人会嘲笑地说："我想成为美国总统，但毫无疑问，那一定是不可能的。"其实，我们可以翻开历史书看一下，很多美国总统在其成为总统前，都曾经有过一段平凡的人生，甚至是充满了失意的人生，比如林肯，生于肯塔基州哈定县一个普通鞋匠的家庭，青年时代先后当过售货员、乡邮员、测量员和木工，那时，谁曾想过这个鞋匠的儿子会成为总统呢？但是他自己一定想过，否则他就不会竞选多次失败后，依然参加竞选。有人说"我想成为比尔·盖茨，但我现在连一毛钱都没有"，可是，比尔·盖茨现在也已经不是世界首富，有人超越了他，那个人曾经一毛钱也没有，而新的世界首富也终将被其他人超越——这说明，谁都有可能成为最棒的人。但前提是，一定要相信自己，

只有信心百倍地去追求，幸运的机会才会降临。当你驻足、犹豫、观望、彷徨时，悄悄而来的机遇也会在你的喘息声中轻轻擦肩而过。命运是一匹野马，只有把自信拧成绳，把奋斗制成线，才能驯服它、驾驭它。

第四，要明确只有理智、客观看待困难，才能战胜它。

当你遇到困难时，首先应该做什么？答案是先了解困难是怎样的。你真的确定这是个困难吗？也许这个小问题被你夸大了，你可以轻易解决的，也许有其他的事情蒙蔽了你的眼睛，实际它对你是个不可多得的好机会。总之，遇到困难时，最怕的就是缺乏理智的思考，不能客观认识困难，也就不能战胜困难，所谓知己知彼，才能百战不殆。

霍尔太太是一位虔诚的基督徒，她告诉六岁的小杰克"祈祷，就会获得一切"。

这天，小杰克的同学带来一块蛋糕。她问小杰克要不要尝一口，小杰克摇了摇头，但其实他很想尝一尝。放学时，小杰克对同学说："明天我也会有一块大蛋糕。"

回到家后，小杰克关起门，无比虔诚地进行祈祷。然而，第二天起床后，他什么也没有发现。小杰克连续祈祷了一个月，但是他依然一无所获。

一个月后,同学笑着问小杰克:"你的蛋糕呢?"小杰克沮丧地告诉同学,上帝也许忙不过来,因为每天肯定有无数的孩子都进行着这样的祈祷。同学笑着说:"原来祈祷的人都是为了一块蛋糕,但一块蛋糕用几个硬币就可以买到了,人们为什么要花费这么多的时间去祈祷,而不是去赚钱买蛋糕呢?"

小杰克恍然大悟,与其花一个月时间去祈祷,还不如给邻居倒两次垃圾换点零用钱来买蛋糕呢!

这个孩子被霍尔太太误导了,因此迟了一个月才知道如何得到蛋糕。其实,你有时也像这个孩子一样,容易被客观因素误导,或是被自己的情绪左右,而无法发现问题的本质,因此找不到解决问题的方法,进而导致情绪进一步失去控制。所以,遇到任何困难,你首先要保持镇定,要保持客观的评判态度,透过表面看到本质,然后从深入的分析中找到有效的方法从根本上解决问题,这样也能够最大限度地削弱情绪对自己的影响,将一些负面情绪淡化,从而让它们自己渐渐消失。

第五,坚信目标可以一点一点实现。

有时,你的人生目标或职业目标很宏伟,经过了很久的努力也不见离成功的距离拉近,这样不免让人十分沮丧,抱怨连连甚至放弃目标,困难也是如此,有些困难确实不容易解决,很久都无法攻破,进而你就会产生越来越大的负面情绪,很快就会让你失去对情绪的控制能力。但目标再大、困难再难,都不意味这个目标就是无法达成的、这个困难就是解决不了的。遇到这样的情况,千万不要退缩,不要逃避,你同样应该鼓起勇气,让心中充满积极信念,但是你还必须讲究一点策略。把困难和目标量化并分解,这就是你攻坚的一个很好的策略,每天看见的一点小进步,可以为你带来很多前进的动力和勇气,让你更容易建立起积极信念支持你在工作中不断产生积极情绪。

人生不应该被消极的想法充斥，你的心灵所能关注和牢记的东西并不多，应该把这有限的位置让给积极的信念，把这些积极的信念时刻放在眼前，并记在心里。这样你在职业生涯中无论遇到怎样的境况也都能够及时完成对情绪的调节，始终让积极情绪成为"主旋律"，帮助你度过一个又一个困难时期，在克服困难的过程中完成蜕变，实现成功。

7. "森田疗法"——接受一切你就能掌控情绪

情绪其实是一个很奇妙的东西，你越想抵抗它的影响，它就会变得越强大，让你无法与之抗衡；相反，如果你能够完完全全接纳它，它就能够任由你来支配，通过科学的方法就可以达到掌控情绪的目的。

不过，对于没有经过专门训练的你来说，要想完全做到接受自己产生的所有情绪是一件非常困难的事情，不过你可以借助一种用于治疗神经症的心理学疗法来达到让自己接受情绪并掌控情绪的目的，这种方法就是"森田疗法"。

该疗法是由日本东京慈惠会医科大学森田正马教授（1874—1938）创立，取名为神经症的"特殊疗法"。1938年，森田正马教授病逝后，他的弟子将其命名为"森田疗法"。

森田疗法主要适用于强迫症、社交恐怖、广场恐怖、惊恐发作的治疗，另外对广泛性焦虑、疑病等神经症，还有抑郁症等也有疗效。森田疗法随着时代在不断继承和发展，治疗适应症已从神经症扩大到精神病、人格障碍、酒精药物依赖等，还扩大到正常人的生活适应和生活质量，以及情绪调节中。其实，与其说森田疗法是一种心理学治疗方法，

倒不如说它是一门人生学问。

根据森田理论，要想掌控情绪，那么你就必须把自己产生的情绪当作人的一种自然的感情来顺其自然地接受和接纳它，不要当作异物去拼命地想排除它，否则，就会由于"求不可得"而引发思想矛盾和精神交互作用，导致内心世界的激烈冲突。如果能够顺其自然地接纳所有的情绪哪怕是痛苦以及不安、烦恼等负面

情绪，默默承受和忍受这些带来的心理体验，就可从被束缚的机制中解脱出来，达到消除或者避免情绪消极面的影响，而充分发挥其正面的刺激人不断完善自我的积极作用。森田疗法强调不能简单地把消除负面情绪作为情绪调节的目标，而应该把自己从反复想消除负面情绪的泥潭中解放出来，然后重新调整工作、生活中的情绪状态，简单来说就是要首先习惯带着负面情绪正常完成工作、生活上的事情，进而淡化负面情绪的影响，从而让它自己消失。

要想通过"森田疗法"来帮助自己接纳情绪从而掌控情绪，你首先要做到的就是扭转自己的"怀疑倾向"。怀疑倾向就是你根据自己的主观想法认定事实，怎么讲呢？一个典型的例子就是疑病症人，他们身体健康或者有些微小的疾病，身体有一些不适，由于过度地担忧自己的身体健康，精神焦虑，他们会认定自己得了重病并要求家里到处给他检查疾病，不管医生的诊断结果如何，他们都认为医生诊断错误，自己这么难受肯定是得了重病。

很多时候你之所以无法接纳自己产生的情绪尤其是负面情绪，很大程度上是由于你怀疑这些情绪只会给你带来负面影响，并且觉得自己根本不可能调节好这些情绪。因此，你应该让自己鼓起勇气，告诉自己不要过于关注自己的情绪，大胆地去工作，去寻求事业的成功。如果这样还不能让你消除疑虑，你可以把自己的情绪告诉一个朋友或家人这样亲密的对象，并把自己"托付"给他们，告诉自己相信他们能帮自己排解情绪问题。

接下来，你要让自己跳出情绪的恶性循环，不要过度关注自己的情绪。自我关注就是自己总是注意自己，关注自己的形象、走路姿势、说话方式、身体健康、心态、情绪等。一个人如果自我关注严重，就会产生一种舞台效应，认为任何情绪都会影响到自己正常的行为从而让自己失常，长此以往就会让人对情绪产生恐惧，从而抵触它。过度自我关注使得你开始怀疑那些正常的情绪变化是不是情绪出现问题的征兆。再举个简单的例子来说：你非常关注自己，偶然间发现自己的心跳很快（实际上这只是正常的心跳），突然想到心脏病的征兆，心里一惊，心跳更快，同时大汗淋漓，产生焦虑。看到自己的身体如此变化，更加坚信自己是心脏病了，在这种想法下，更加关注自己的心跳，于是心跳的微小变化都会吓你一跳，长此以往你就会变成真正的心脏病。

假如你发现自己正在坠入自我关注的恶性循环中，你能做的就是忍受这种对情绪会产生不良影响的怀疑。为什么怀疑是需要忍受的，因为当你怀疑自己的情绪出现问题的时候，你会感觉到这些情绪真的对你有影响，你感觉自己不得不去考虑情绪问题，而无法专心地工作学习。其实你是可以选择的，因为你害怕、担心、焦虑，这让你缺乏了选择的勇气。从现在开始就要告诉自己，做事情不需要勇气，只管做就成了。当你在工作的时候开始怀疑自己情绪出现了问题，你要坚持去工作，这就是忍受。你可以通过忍受痛苦重新获得勇气。你会发现只要一句话就能让你摆脱负面情绪的影响，那就是——有负面情绪又怎样。

经历了以上两个步骤，你已经能大体上接受自己产生的各种情绪了，然而要想真正让自己的内心完完全全接受这些情绪，你还必须做好最后一步，也是"森田疗法"最关键的一步，那就是顺其自然，这也是这种疗法的终极目标，让你自己不自觉地遵循情绪发展的规律。情绪为什么会让人痛苦，因为有些人想要让自己永远没有负面情绪，而之所以他们不愿意放弃这个目标，是因为他们觉得，一旦自己放弃自己的目标，情绪就会成为他们最大的敌人。他们只把眼光局限在了狭隘的一点上，难免就会产生对情绪的恐惧，反而导致自己被情绪支配。对于掌控情绪来说，你应该明确一点就是为所当为。要按照你本身所固有的积极信念去做你能够做到的事情，每一次都前进一点，最后你才能做到那些曾经看似不可能的事情，比如掌控自己的情绪。

"森田疗法"其实并不是一种帮你掌握情绪的方法，而是一种境界，你即便看了上面的内容也可能并不知道自己该怎么做，也就是所谓的"缺乏可操作性"，但是可以确定的一点是，很多能够掌控自己情绪的人是通过读"森田疗法"的理念来获得这种境界的，他们也没特意去做什么，但是心理早已发生了变化。有时候你应该想一想，如果你能够让自己什么都不做，完全接受自己产生的情绪，问题就已经迎刃而解了。

第三章
树立正确认知，读懂职场才有好情绪

职场永远不会亏待任何人，当你充满负面情绪埋怨职场对你的不公时，也许是你根本没有看懂职场。认知偏差所导致的负面情绪是你最应该避免的，只有纠正错误的认知，你才能从根本上摆脱许多不必要的负面情绪，让内心更阳光。

1. 50%的消极情绪来源于错误认知

每个人或多或少都会在工作、生活中产生消极情绪，因为每个人都会经历让自己感觉不愉快的事情。不过如果去分析每一次消极情绪的产生就几乎可以从每个人身上得出这样的结论——50%的消极情绪其实都不是外界因素所导致的，而是每个人自己一手炮制的，造成这些负面情绪产生的元凶就是错误认知。

一个情绪的产生，有外因也有内因。除了外部客观因素的刺激，每个人对客观事物的认知也同样会对情绪产生决定性影响。比如说，当你在工作中遇到了困难时，如果在你的认知里这个困难是帮助你进步，让你获得成功的帮手，那么你就会在解决困难的过程中产生更多积极情绪；相反，如果你觉得困难是故意跟你作对的敌人，是客观环境或是有人刻意制造的，那么你就可能产生很多消极情绪，阻碍你顺利解决问题。一般来说，负面情绪主要是由以下四种错误认知或认知模式所导致的。

（1）非此即彼思维。

它表示你在评价自己的个人品质时，习惯于使用非黑即白的极端模式。例如，一位政治家告诉你："我连竞选都输了，我算什么玩意儿？"一位一直得优的学生不小心在一次考试中得了一个良，他说："现在我就是个废物。"非此即彼的思维是完美主义的根源，它会让人害怕任何错误或不完美之处。因为如果那样的话，这个人就会认定自己是个彻头彻尾的失败者、一无是处的废物。

第三章
树立正确认知，读懂职场才有好情绪

这种评价事物的方式是不现实的，因为生活很少会极端的非此即彼。例如，没人是绝对的聪明或绝对的愚蠢。同样，也没人会百分之百的美丽或百分之百的丑陋。现在，看看房间的地面，它真的是绝对的一尘不染吗？那么，又是不是垃圾遍地呢？或者，它是否只是有一部分很干净？万事无绝对。

（2）以偏概全。

杰克11岁那年在亚利桑那州展会上买了一副变戏法用的扑克，就是那种长短牌，也叫"斯文加利"牌。这种把戏简单但却出神入化，有些人可能知道这种魔术。它的玩法是：牌手给对方一副牌（每张牌都是不一样的），对方随便选一张。假设他选的是黑桃J，他不用告诉牌手自己选的是哪张牌，只用再把它放回牌里面。牌手只用喊一声："斯文加利！"然后翻开牌，每一张牌都变成了黑桃J。

这虽然只是一种障眼法的魔术，但是它恰巧利用的就是人们以偏概全的心理。当你以偏概全时，你的心理方式就类似于长短牌把戏。你武断地认为，某件事如果在你身上发生过一次，就会反复再次发生，就像那张黑桃J一样不断增加。因为已发生的事总是令人不快的，你便心烦郁闷了。

（3）心理过滤。

你从任意一种情境中挑出一段消极的细节，专注地反复回味，然后就觉得这个世界就是消极的。

一位情绪抑郁的大学生听说有同学取笑她最好的朋友，她突然愤怒了，因为她这样想："这就是人类的本性——残酷无情！"此时，她完全忽略了在过去的几个月里，几乎没人对她残酷无情！还有一次，她考完了第一次期中考试后，很肯定100个问题中她大概有17题没答对。她对这17个问题耿耿于怀，觉得自己肯定会被学校劝退。终于等到试卷发下来了，她看见上面有一张便条，"100个问题里你答对83个，这是本学年所有学生中的最高分：A＋"。

情绪抑郁时，你就好像戴上了一副有色眼镜，镜片会过滤掉任何正面的内容。你只允许负面内容进入脑海。你意识不到这种"过滤流程"，因此你觉得一切都是负面的。这种过滤流程的学术名称是"选择性失明"。这是一种坏习惯，它会让你承受不必要的痛苦。

（4）否定正面思考。

这是另外一个更离谱的心理错觉，它使一些人固执地把中性甚至正面的体验转换为负面体验。你不是看不到正面体验，你只是狡猾而迅速地把它们转换成了噩梦般的负面体验。在中世纪，炼金术士最大的梦想莫过于找到某种能将普通金属转化为黄金的方法。如果你情绪抑郁，你很可能已经练出了一门与之相反的绝技——你能在顷刻之间点金成铁，将快乐变为烦恼。不过，你不是有意而为之，你很可能都不知道自己在做什么。

一个常见的例子就是一些人回应恭维的方式。有人赞美他们的外表或工作时，他们很可能会自然而然地这样想："这只是他们表示友好的方式。"电光石火间只需使出这么一招，他们在心理上就将别人的赞美化解于无形。当你告诉他们"哦，这真的不算什么"时，也可以起到同样的化解作用。如果总是给自己的优点或成就泼冷水，你的生活不凄惨才怪。

否定正面思考是最具破坏性的一种认知扭曲形式。你就像偏执的科学家，总要极力搜集证据来支持一些心爱的假设。支配消极思维的假设有很多，"我很没用"就是它的常见版本之一。只要你有过负面体验，你就会纠缠于其中并断言："这足以证明我的假设是对的。"相反，如果你有正面体验，你又会说："这只是意外罢了，算不得数。"你得为这种习惯付出代价——你将遭受剧烈的痛苦情绪，无法再欣赏美好的事物。

在你每天的工作、生活中，其实有一半的负面情绪都是由自己的内心制造出来的，而这部分负面情绪完全可以依靠修正自己的认知偏差来尽可能避免，这就让积极情绪有更多机会占据你每天中大部分的时间。

2. 让工作成为乐趣而非苦役

在职场中，很多人都会在工作时不停抱怨：总有做不完的工作、解决不完的难题，更头痛的是还要应付那些复杂的、没完没了的人际关系，很难得有属于自己的时间和空间，只能在应付，应付朋友、家人、同事、应付工作、生活……他们总是很烦恼，时光匆匆，激情渐退，负面情绪激增。

也有一些人虽加班加点地工作、忙忙碌碌地生活，甚至连外出休闲旅游时，也丝毫不会"怠慢"，分秒必争，而在他们的身上却丝毫看不到对生活的倦怠之意。他们热爱工作、热爱生活，他们总是那么快乐。这样的人往往在工作中充满积极情绪，让自己事半功倍，他们享受着工作，同样也享受着生活。

工作对于每个人都有很大的压力，不论你优秀还是平凡，不论你职位高低，工作给你带来的究竟是积极情绪还是消极情绪，其实并不完全取决于你承受的压力，主要还是取决于你对工作的认知。那些勤奋工作并快乐工作的员工，他们一致的感受就是：要把工作当成一种乐趣，你才会不被工作所累，你才会开开心心地去完成每一项工作任务，工作干劲和执行力也能得到保障。基于这些你就能更好地完成工作，进而就可以以更高效率去完成工作，从而让工作变轻松，工作压力也大幅度降低，进一步给你带来积极情绪，形成良性循环。

曹玉玺是航天六院的发动机厂焊接技术的带头人，他的工作内容主要是液体火箭发动机各个零件和组件的焊接。发动机焊接点强度要求非常高，面临的环境差异非常大，要保证在超高温、超低温、强震动等极端环境下保持正常运转，不出一丝的差错，这便是这项工作的难度之一。

一般的焊接外观漂亮就行了，火箭发动机的焊接满足这点还远远不够，几十种材料物理化学性质差异很大，为了使异类有色金属能够"完美"地焊接在一起，每个零件要经过几百次焊接实验，最终达到100%的合格。实际焊接过程中，焊缝中不同的合金成分还需要不断调整，来保证严丝合缝。这也让这项任务在很多人眼里看来枯燥、充满压力。

"我的工作已经融入我的整个人生当中，我觉得待在车间工作让我很快乐，尤其是攻克很大的技术难题之后，很有成就感。"每当有人问起曹玉玺怎样看待自己的工作时，他都这样说。他认为自己所从事的工作其实并不枯燥，因为他从心底已经把这个占用了他人生大半时间的工作当成了一种兴趣而非

第三章
树立正确认知，读懂职场才有好情绪

苦役。

  2001年，当时企业人均月工资1000元左右，有企业以月薪6000元挖曹玉玺去工作，但是曹玉玺不为高薪所动，坚守在这个他热爱的岗位上默默奉献。有人说他傻，但他却不以为然。"你会把自己的兴趣与快乐卖多少钱？"曹玉玺说。

  其实在曹玉玺看来，工作不仅仅是一份挣钱的差事，而是自己快乐的源泉，如果只为了钱去工作而不能把它当作人生的乐趣，那只是"苦差"，自然就会多出许多负面情绪。当然，如果你也希望能像他一样把工作当作人生的乐趣，让工作给自己带来更多积极情绪，那么就要让自己悟出工作的真谛。

  你必须意识到，人生最有意义的就是工作。与同事相处是一种缘分，与顾客、生意伙伴见面是一种乐趣。即使你的工作处境再不尽如人意，也不应该厌恶自己的工作。如果环境迫使你不得不做一些令人乏味的工作，那么就多在工作中想想它给你带来的更深层意义。工作能让你展现自己的价值，能让你的一天变得充实，能让你看到更广阔的世界，这难道还不能给你带来正向的积极情绪吗？

  你还要明白，人可以通过工作来学习，可以通过工作来获取经验、知识和信心。你对工作投入的兴趣越多，决心越大，工作执行力就越强，效率就越高，获取经验、知识、信心的速度也就越快。在这之后就会有许多人愿意聘请你来做你所更钟爱和喜欢的事。把工作变成人生的乐趣，让你能够获得更多能给你带来积极情绪的工作，让你彻底走进一个让人生更加丰富多彩的良性循环中。

  当然，在悟出工作的真谛后，你可能还需要在实际工作中使用一些小技巧来让原本一成不变的工作变得充满吸引力。

  你可以尝试多去发现那些藏在工作过程中的乐趣。工作本身其实并不缺乏能够吸引你的兴趣点，有时只是因为你总把自己束缚在"工作就是无聊的"的思想中，因此无法发现这些乐趣。例如，当你误打误撞地由于工作"失误"发现了一种更加有效率的工作方法；在与同事的沟通过程中出现口误而闹的笑话；那些让人舌头打结永远也说不对的专业术语；等等。尝试去挖掘工作中能够吸引你的兴趣点，你会发现其实工作过程可以充满欢乐。

你还可以尝试在不影响工作质量的情况下，去与自己周围的同事来一场"比赛"，看看谁能先完成一天的工作。这样的"竞赛"机制往往能够大大激发人的兴致，从而让你在工作中为了赢得"比赛"而发挥更强的执行力与潜能。而对方也会不断调整"策略"优化工作流程，从而战胜你。在这种"竞赛"模式下，你和周围人的积极性都将被调动起来，也会从博弈中感受到前所未有的快乐和成就感，自然就会体验到工作的乐趣。

许多很优秀的员工，他们拥有渊博的知识，受过专业的训练，他们朝九晚五穿行在写字楼里，有一份令人羡慕的工作，拿一份不菲的薪水，但是他们在工作中却充满了消极情绪，他们是一群孤独的人，不喜欢与人交流，不喜欢星期一；他们视工作如紧箍咒，仅仅是为了生存而不得不出来工作。这样的情绪状态最终会让他们越来越难在工作中保持执行力，从而断送了他们获得成功的机会。

如果你不希望成为这样悲剧的一员，那么就试着让工作成为你的人生乐趣吧。不要盲目地认为换个工作就能改变一切。如果你不从情绪上调整自己，即使换一万份工作，也不会有所改观。

很多时候人觉得累不一定是体力上的累，而是心理上的累，一切都是从"心"开始的。把工作当成一种乐趣，不但有助于你以更积极的心态面对每天的工作，也有助于大大提升你在工作中的执行力，让你离成功更近。

第三章
树立正确认知，读懂职场才有好情绪

☀ 3. 没有人天生就是弱者

在现代职场中充斥着这样一种理念："有些人一开始就赢在了起跑线上"。不少现代职场人把每个人从一出生开始就划分成了三六九等，然后按照自己的先天条件来给自己定位。而当他们发现自己与那些极具"天赋"的人相比相距甚远时，就会盲目地认为自己是弱者，从而在一开始就给自己心里留下了极强的自卑心理，让自己在工作中总是被这种自卑心理引起的消极情绪所控制。

不可否认，无论是智商、情商、性格还是家庭条件、出身等，每个人一开始的起点就不同。然而，这些因素并不代表着一个人最终能在职场上走多远，更不代表着谁比谁能够少付出努力，先天条件并不代表一个人是强还是弱。

如果你总是一上来就把自己当成弱者，那么就会带着这样的"弱者"心理去参与到工作中，充满了自卑、不满，一遇到困难就自怨自艾，总是被这些消极情绪环绕，难免缺乏干劲和拼搏精神，自然无法取得成绩，而成绩平平这一结果又会强化你认为自己是弱者这一观点，形成恶性循环。而如果你从一开始就明确自己并非弱者，一切条件都可以依靠后天努力来争取，那么就能保持较强的自信心和工作积极性，从而给你的业绩带来改观。

其实除了那些极少数天赋异禀的人，大部分职场人的先天条件相差无几，起码不会有着质的差别，有时候当你去与身边一些不幸遭遇先天障碍的人比较时，你可能会发现自己其实已经拥有了足够多的优势，那

么又为何如此消极呢？

她出生才三个月的时候，医生诊断她得了先天性白内障，就算做了手术，视力也达不到0.1，这等于宣告她一辈子都将是瞎子！当地流传着这样的习俗：谁家生了看不见的孩子就是上辈子缺了德。

这让父母很丢脸，于是商量再三，决定遗弃她，幸好姥姥及时赶来把她抱走了。十个月大时，姥姥带她去医院做了眼睛手术，左眼视力恢复为0.02，只有光感和微弱色感，右眼完全失明，她的世界几乎只有黑暗。

在姥姥的严格管教下，凭着过人的听觉和触觉，她学会了单独出门，甚至拿东西也不必摸索。长大后，她进入盲校学习钢琴调律，毕业后分配到一家钢琴厂，可惜好景不长，最终也失业了。

得找份工作养活自己才行，那时北京有二十多家琴行，她就一家一家上门去应聘。无一例外，当她介绍自己是盲人时，别人先是惊讶得张大了嘴巴，随即把头摇得像拨浪鼓，"盲人还能调琴？没听说过"，试也不试就把她打发走了。

连吃了几次闭门羹，她有些沮丧，谁叫自己是盲人呢，不被人们信任也不足为奇。那天走在大街上，她忽然灵机一动，反正我可以感觉到光，能做健全人做的事，下次应聘时，干脆冒充健全人。

拿定主意后，她又来到一家规模较大的琴行，果然，经理没看出她有什么异常，拿了一台琴给她调，她调得很准。

于是经理又找了一台破琴给她修，工夫不大琴也修好了，经理大为折服，当即拍板："没想到你小小年纪又能调又能

第三章

树立正确认知，读懂职场才有好情绪

修，还非常熟练，你明天就来上班，月薪八百元。"在 1996 年，这是很高的工资了，她心里暗自得意，真没想到略施小计就马到成功！

哪知道，经理却准备让她做售后服务，也就是琴行卖出钢琴后，由她上门帮顾客调琴。偌大的北京城，四通八达，自己怎么找啊，一定会穿帮。她犹豫了一阵，只好如实相告："其实我是盲人。"

经理一听，吓了一大跳。"盲人？真没看出来，听说过盲人可以调律，但没想到你能调得这样好！"经理这句话让她美滋滋的，心里重新燃起一线希望，于是趁热打铁。"盲人钢琴调律在欧美已经有一百多年历史，我学的就是欧美先进技术，一定会让用户满意，也能给琴行赢得好的信誉。"

经理接着说："你的技术我看到了，也能相信你调得比别人好，但是你的工作只能是上门为用户服务，钢琴卖到哪儿，你就要走到哪儿，没人带着你，你能找到用户家吗？再说，路上那么多车，要是你在路上被车撞了，我还得负责啊。"经理的话虽然说得直白了点，倒也合情合理，看来她只有打道回府了。

可她还是站着没动，稍加思索便反问道："北京市一年要发生许多交通事故，到底撞死了几个盲人，您知道吗？"

"不知道，没听说有人统计过。"经理真被她给问住了。

"我来告诉您吧，一个也没撞死。俗话说，善泳者溺。我们在视觉上是弱者，但我们在听觉和触觉上是强者。"

短短几句话有理有据，步步为营，还不乏幽默风趣，把经理给逗乐了："没想到你还挺幽默，不过……"她听到经理话锋一转，情知不妙，赶紧打断："这样吧，您先给我一个月的时间，我去熟悉大街小巷，到时候您再决定要不要我。"

话已至此，面对一个盲人女子，哪怕是铁石心肠的人也不忍断然拒绝，经理被她的睿智和执着感动了，说："你要是能胜任，我非常乐意把这份工作给你！"

一个月之后，她果然熟悉了全市的交通和地理位置，顺利得到了这份工作。作为一个盲人，她在克服了无数常人无法想象的困难之后，渐渐在琴行站稳了脚跟，一干就是几年。

因为技艺精湛，她的名声越来越大，那家琴行的生意也越来越好。就在老板准备重用她时，她冷静地炒了老板的鱿鱼，开始做个体钢琴调律师。她就是著名的第一代女盲人钢琴调律师陈燕。

作为先天残疾的人，陈燕并没有向命运低头，她并没有把自己当作弱者，反而努力寻找自己身上比健全人更强的优势，依靠自己的努力和决心，走得甚至比健全人更高、更远。作为大部分正常人，又有什么理由认定自己是个弱者？

其实，你会认为自己是弱者并非因为你真的比别人缺少太多"天赋"，而是缺少对自己理性的分析和认识，自我认知存在偏差。如果你不希望因为这种错误的自我认知而让自己头上那个"弱者"的头衔带给你无穷无尽的负面情绪，那么就要学会发现自己的优势，给自己树立足够的自信。

（1）要意识到每个人都有自己的特长，上帝给你关上一扇门就会为你打开一扇窗。

在这个世界上不存在没有优点和特长的人，只有无法发现自己优势的人。你需要培养自己发现自身优势的眼光，并找到合理利用自身优势的方法。如果你的眼睛总是盯着别人有什么"天赋"，那么很可能就会

第三章
树立正确认知，读懂职场才有好情绪

忽略自己的优势。永远记住，当你在羡慕着别人时，也许你自己也在被别人羡慕着。你应该在工作中多留意细节，从一些细节中发现你所表现出的优势，并把这种优势发扬光大；或者你可以问一问自己的好友、上司、同事，看看在别人眼中你的优点是什么，这也有助于你发现自己的特长。

（2）要明白后天的努力是可以弥补先天的不足的。

你可能会觉得自己出身平平，又没有过人的智商、情商，在工作中只是很普通的一员，并没有什么独特的优势，于是总认为自己是弱者。其实这不正是绝大部分人的情况吗？很多成功者并非从一开始就贴着"成功"的标识，他们最初也只是最不起眼的一个小职员、一个小工人。然而成功者懂得通过后天不懈的努力来让自己成长，让自己超越那些起跑线比自己更靠前的人，最终在终点一举撞线。

（3）要知道没有人能骑在你头上，除非你自己蹲下。

"弱者认知"并不仅仅来源于自己内心的自卑，有时也是由于对客观条件的"误读"所造成的。你可能会在工作失败的时候遭遇冷嘲热讽，甚至在接受一项任务前就不被看好，也可能在职业生涯里遭受过打压。如果你对这些磨难存有错误的认知，认为是因为自己弱才会遭受这一切，那么就会在心中认定自己是"弱者"。而如果你把这些磨难当作是成功前的历练，积极看待挫折，那么你很快就会成为真正的强者。没有人会被别人贴上弱者的标签，弱者的标签都是自己给自己的。

人的一生很长，长到足以让每个人成为强者。起跑的时候站在后面并不意味着你就是"弱势群体"，上帝之所以把你安排在后面，也许就是因为你很强，强到根本无所谓从哪里开始出发。坚定信念，相信自己能够成为强者，最终就会成为你心中的那个自己。

4. 失败是上帝给你的礼物

鲁迅曾说过:"即使天才,在生下来时的第一声啼哭,也和平常儿童的一样,绝不会就是一首好诗。"无论是谁,在漫长的一生中都会经历许多次失败。失败其实并不可怕,有时反而是幸运。一个人只有先跌倒才能学会如何爬起来,才能知道怎样走得更快、更稳。失败并非上天刻意给你制造的阻碍,反而是它给予你最好的礼物。

成功者和失败者的最大区别并不是经历了多少次失败,而是如何去对待这些失败。如果一个人总是以错误的认知来理解失败,认为这是苦难和不幸,那么就会在失败时充满消极情绪,从而阻止自己在失败中汲取可贵的经验教训,让自己长期陷入悲观之中,就更不要说战胜失败获得成功了。而如果一个人能够正确看待失败,把它当作自己成功道路上的朋友和帮手,那么就总是能在经历失败后保持积极情绪,获得更大动力,从而将自己推向成功。

如果你希望自己能够在失败面前保持正确的认知,让失败给你提供助力,在你通往成功的道路上推你一把,那么就一定要看清失败的真面目。

(1)失败是最伟大的老师。

没错,失败是伟大的老师。每个胜利者都曾是失败者,每个冠军都得过第二名。费德勒被视为世界最伟大的网球选手之一,但他也不是每一局、每一盘或每一场都赢,他也曾回击挂网、发球过猛出界,每场比赛都有好几十次没有办法随心所欲地把球打到他想要的地方。如果费德勒每次击球失败就放弃,那他会是一个失败者;但相反地,他从失误和失败中学习,并且一直待在场子里。这就是为什么他会成为冠军。

你在你所做的每件事情上也应该如此。努力去做,勤于练习,掌握基本要领,然后永远全力以赴,并且要知道失败在所难免,因为要精通某事,失败是必经之路。

如果失败了就放弃,你将永难再起。但假如你能从失败中学到教训,并且一直全力以赴,就会得到回报——不只是获得他人的认可,也会因为知道自己确实尽全力地度过每一天,而得到满足感,这种满足感会让你的消极情绪转变为积极情绪。

(2)失败可以铸造品格。

把事情搞砸却让你变得更强,更适合成功,这种事可能吗?答案是肯定的。没能摧毁你的,会让你变得更强壮、更专注、更有创造力,并且更坚定地追逐梦想。你可能急于成功,这也没有什么不好,但耐心与谦虚是美德,而失败肯定会开发你这方面的特质。

有时一个人就是得等这个世界追上来。在真正做出一个能卖钱的灯泡之前,爱迪生的实验失败超过了一万次,所以他说,许多自认失败的人真的不了解,当他们放弃时,事实上已经离成功很近了。尽管历经各种失败,他们其实就快成功了;然而就在局势即将转向他们之前,这些人却放弃了。

你永远不知道会在下个转角处碰见什么,或许那里有实现你梦想的方法。所以你必须振作起来、始终坚强,并持续奋斗。失败了又怎样?跌倒了又怎样?爱迪生也说了:"每个错误的尝试都能让你往前更进一步。"

如果你尽了全力,剩下的上帝会接手,该来的总是会来。你必须有强烈的求胜心,而只要你愿意敞开胸怀接受,每次的失败都能铸造你的品格。

当你遇见挑战时,请记住,每条堵住的路,都有一个出口,每一种"无能为力"之中都有"能力"。你来到这个世界是有用处的,所以不要因为输了一次就认为永远不能赢。只要活着总会有出路。

当然,失败也能塑造出谦卑的品格。每个人都必须经历失败,如此才能明白你并未知道所有你该知道的。而最终,这种谦逊让你变得更强。

(3) 失败可以给你动力。

你对失败或挫折的回应可以是绝望与放弃,但也可以选择将挫败、失败视为学习经验和改进的动力。曾经有个健身教练,他对举重训练的学员说:"去失败吧!"这句话真是鼓舞人心,不是吗?但他这么说的理论是,练举重时,你一直增加重量,直到肌肉力量全部耗尽;然后下一次,你就可以试着超越那个极限,打造更多的力量。

有一个故事,说一个犹太小女孩和父亲玩游戏,小女孩从一米高的地方跳下来,由父亲接住,玩得不亦乐乎。反复几次以后,父亲故意松手,让小女孩摔在了地上。这在我们看来,是非常不可思议的,一个父亲为什么要这样对待自己的女儿?于是小女孩觉得非常委屈,坐在地上哭闹,不肯站起来。可父亲既没有上前将她扶起,也没有说半句抚慰的话,而是站在一旁说:"我知道你现在非常讨厌我,甚至恨我为什么不将你接住。我是要让你记住,任何事情都不会总是一帆风顺的,有时甚至还伴随着不幸与挫折。只是经历了不幸与挫折之后,当你再遇到类似问题时,这种不幸与挫折也许会成为你的动力。"

无论什么工作,成功的关键之一就是去体验失败。你应该把失败想成通往成功的经验,视为激励的来源。未达期望、被"三振出局"、犯错或搞砸没什么可耻的,可耻的是你没有从失误中得到动力,努力让自己在工作里存活更久。

（4）失败让你对成功心怀感恩。

失败带来的第四个礼物是：它会让你懂得对成功心怀感激。事实上，你为了实现目标付出越多，最后终于成功时，心里会越发感激。有多少次，在取得重大胜利后，你回首时，心里觉得漫长奋战之后的成功果实真是甜美啊。要明白，爬山的过程越辛苦，山顶的景致就越动人。

当你全心全意实现某个目标时，一路上会经历磨难、苦痛，然而一旦突破困境，所得到的成就感又是那么美妙，让你只想以它为寄托，继续成长，不是吗？这样的心态正是让人类能够走到现在的主要原因之一。人们庆祝艰苦的胜利，不只是因为自己努力活下来了，也是因为人天生就是要持续成长，并寻求更高层的成就感。

当现实要你为目标努力再努力时，当命运在你的人生路上设了一个接一个的路障时，你应该真心相信这是老天要你为将来更棒、更美好的日子做预备。它向你提出挑战，因为它知道一旦经历失败，你就会成长。

人生就像一场电影，决定是悲剧还是喜剧的并非过程而是结局，倘若你不能正确看待失败，不能把它当作成功前的历练和上帝给予的礼物，那么人生最终的结局也一定不会是成功和美好的。

5. 逆来顺受并不能获得赏识

不知你是否听过职场中流传已久的一句话："领导喜欢有能力的员工，更喜欢听话的员工。"很多人将这句话奉为"真理"，在职场中逆来顺受，让你努力成为领导心中的"乖宝宝"，期待着能够获得重用。

然而，这其实是一个存在偏差的认知，它只会让你压抑自己的天赋、能力，让你在这种压抑中情绪失控。而作为领导，谁又会赏识一个没有与众不同的能力，不能给自己提供反对意见，而又时常出现情绪失控的员工呢？

其实这句话本身说的并没有错，但是很多人对它的理解却有问题。如果你希望成为一个听话的员工但又不是完全被动地逆来顺受，那么首先就必须明白"听话"到底蕴含着怎样的含义。

有些人可能会说，听话不就是领导说什么就做什么？当然不是。听话实际上是一门很有学问、很有技术含量的事情。所谓"听话"并不仅仅是对领导言听计从，而是要主动去说领导想听的话。

丽丽年纪轻轻就当上了一家外企的高管，她所提的什么意见，她所说的什么话她的老板都认可，有同事特别奇怪地去问她，为什么你所说的你老板都认可？她说，不是我所说的老板都认可，只不过我说的是老板想说的罢了。那个同事又问，那为什么他不说，反而让你说？丽丽回答：这些话，我说出来，不管最终执行结果如何，是对，是错，都与老板无关，因为这些话是我说的，而不是老板说的。她的同事恍然大悟，原来如此，原来还可以这样。

如果你只是一味地按照领导所说的去做，而不是积极主动地替领导考虑，替领导说出他们想说的话，那么即便你表现得言听计从，恐怕也很难获得赏识。由于自认为做到了"听话"，却没有达到你预期的效果，还会让自己产生对领导的厌恶情绪或是对工作的不满情绪。

你必须知道，如果一味"听话"，那么你的"听话"在领导眼里就会越来越没吸引力，而如果你能偶尔"语出惊人"，领导反而会觉得你既听话又有自己的想法和主张，并且能够帮他有效规避错误，才会对你大加赏识。

领导确实不喜欢总跟自己唱反调的员工，但是如果他做出了错误的决定，也是希望有人能够指出来并帮助他规避错误的。不过在跟领导唱反调的时候，最好不要选择大庭广众之下，而是当自己与领导独处的时候提出不同意见。这样做领导的面子保住了，决策的正确性也保住了，哪个领导不喜欢这样的员工？

能够走上领导岗位的人，都是懂得识人、明白事理的，如果你想通过逆来顺受的方式拍领导的"马屁"，肯定是行不通的。领导身边确实需要会"拍马屁"哄他开心的人，但是绝对不会对这样的人委以重任。

想成为一个真正受领导器重的员工，逆来顺受并没有用。有选择性地"听话"，掌握"听话"的技巧和智慧，你才能够让领导认为你是他的左膀右臂，而不仅仅是能够让他心情舒畅的"乖宝宝"。

6. "等死"比错误的选择更可怕

在每个人的职业生涯里，都要无数次站在选择的十字路口前，究竟该如何去选择也成了很多人的"心病"，由选择障碍导致的焦虑情绪也就随之产生了。然而实际上，这种焦虑情绪的产生并非无法避免，选择本身并不会导致负面情绪，但是对于选择的错误认识却会给你带来沉重的心理负担。

选择本没有对错，错的是不敢去选择。

你之所以会在选择时产生焦虑情绪，很多时候都是没有真正看清选择的意义，于是踌躇不前，这种无法前行的状态进一步加重了你的心理负担，毕竟人是不能站在原地不动的。如果你能真正理解选择的意义，那么这种焦虑情绪也就自然消失了。

在你的职业生涯里，每当面临选择时，其实无论你如何去选，都会有得有失，有收获也有错过。你的每一个不同的选择，都会有不同的结果，都会走一段不同的路，看这一路不同的风景。这一路，看过不同的风景，有不同的感悟就是最大的收获。

当然，可能你遇到的大部分情况，是你根本没有做好选择的准备，就赶鸭子上架不得不去做出怎么都觉得不合适的选择，此时焦虑情绪更是源源不断地从你的心里涌出来。其实面对这样的情况你也不必焦虑，既然这种局面出现了，就意味着你应该经历，而结果如何其实你也不能肯定，也许这非但不是一场灾难，反而是一次契机。

如何去选择也成为很多人的心病

开会了，同事们纷纷往会议室走去，办公室文员陈娟因为接了一个电话，赶到会议室时，里面已经满满当当，只剩了老板身边一个空座。

陈娟想找个角落站一站算了，但又觉得自己没犯错误站在角落里灰头土脸的干嘛；想干脆就坐了老板身边的那个空座吧，又怕到时同事们嘲笑她是个马屁精。

正在犹豫的当口，不知谁使坏，在她背上猛推了一把，借着那势头，她只得往老板那儿走去。听得身后几个女同事窃窃地笑，陈娟咬牙想，回头再找你们算账。

会议开始了，大到展望公司未来，小到必须认真学习员工手册，老板滔滔不绝，口若悬河。若一直这样也就罢了，可是

第三章
树立正确认知，读懂职场才有好情绪

他总要不时停顿一下，扭头对着陈娟问一句："是不是呀？"或者用笔敲一下陈娟的本子，说："这个一定要记牢！"陈娟浑身那个不自在呀，脸上摆出虔诚认真的笑，嘴里不时应着老板的问答，手还得在本子上笔耕不辍——做会议记录啊！可她看坐后排的那些同事，谁做这个啊？他们的耳朵有没有带来都是个问题。一场会开下来，陈娟那个累啊，一身的汗。

有了这次教训，下次开会时，陈娟长了心眼，她早早地就坐进了会议室。可是谁叫她做的是文员的工作，她这边屁股刚挨上板凳，那边就有人叫："陈娟，发传真！"等陈娟火急火燎地忙完，那边又只剩了老板身边一个空座。

如是再三，陈娟也认命了，懒得再在这件事上跟同事们斗智斗勇。老板又不是吃人的老虎，坐就坐呗。连老板身边的空座都不敢坐，还能做别的什么事！心定了，也就坦然了。每次陈娟都面带微笑地坐在老板身边，耳里认真听着，笔下认真记着。以前是为了做样子，现在却是真的在学习。

斗争胜利了的同事们暗笑陈娟是个倒霉蛋，有时来影印文件，会将脸趋到陈娟跟前，模仿老板的语气说："是不是呀？小陈。"陈娟无所谓地笑笑，随他们笑闹去，下次开会仍不卑不亢地坐到老板身边的那个空座上。

半年过去了，陈娟似乎真的成了老板的红人，开会时他身边的空座也成了陈娟的专座，似乎约定成俗了。

一天开会开到最后，老板宣布了一件事：陈娟升任总经理助理。隔着好几个人头，老板吩咐做了几年都原地踏步的办公室主任：明天，你去再招一名文员来。

陈娟在面临站在角落和坐在老板身边的选择时，她并没有做好充足

的准备,甚至最终选择坐到老板身边也是"逼不得已",然而她并没有退却,并没有停滞不前,反而是坦然接受了这种选择,并努力做到最好,这看似被逼无奈的选择却成为她平步青云的关键因素。

其实对于身处职场的你来说也是如此,每一次选择都代表着一次契机,选择本身并没有好坏,但是选择过后你所产生的情绪与态度却能决定最终的成败。

不论是错过的遗憾,还是得到的美好,这都是你自己的选择。选择了,就要自己承担。没有后悔不后悔,坦然地去面对自己的选择,坦诚地接受自己选择的后果。痛也好,喜也罢,开心也是仰天长笑,悲伤也是低头流泪。但不论怎样的情绪过后,你始终要知道,这一条路,你依然在路上,这个选择,你依然要继续。于是,抬头挺胸继续前行。选择没有对错,风景一路依旧。

选择没有对错,只有选择后的坚持,不后悔,走下去,就是对的。走着走着,花就开了。成功,靠的不是选对路,靠的是对于选择是否有正确的认识,是否能保持积极的情绪状态。

7. 破釜沉舟的你不会输

职场的路不好走,相信每个身处职场的人都会赞同这一点。在你的职业生涯里,选择的过程也许还不是最"刺激"的,当你面临着退无可退的境地时,你才真正经历了巅峰的考验。那种身处绝境的情况,会让任何一个人都充满各种情绪,尤其是一些负面情绪,比如恐惧、焦虑、烦躁甚至愤怒。

第三章
树立正确认知，读懂职场才有好情绪

然而，如果你在此种境地中被负面情绪所控制，那么失败已经是显而易见的事情了。而你并不应该责怪是这样的客观环境导致你失败，导致一个人一败涂地的永远只有自己。这些负面情绪的产生其实是由于错误的认知所导致的，认定自己无法打开局面，认定自己最终会失败。

其实你该记住一句话：破釜沉舟的你不会输！

这并非什么"阿Q精神"，当一个人身处绝境只能选择破釜沉舟、奋力一搏的时候，他往往会给自己施加更大的压力，这种压力是正向的，能够激发一个人内心深处真正的力量，让他变得冷静、沉稳，能够从容应对随时出现的各种问题。

有一位经验丰富的老船长，当他的货轮卸货后在浩瀚的大海上返航时，突然遭遇了可怕的风暴。水手们惊慌失措，老船长果断地命令水手们立刻打开货舱，往里面灌水。"船长是不是疯了，往船舱里灌水只会增加船的压力，使船下沉，这不是自寻死路吗？"一个年轻的水手嘟囔着。

看着船长严厉的脸色，水手们还是照做了。随着货舱里的水位越升越高，随着船一寸一寸地下沉，依旧猛烈的狂风巨浪对船的威胁却一点一点地减少，货轮渐渐平稳了。

船长望着松了一口气的水手们说："上万吨的巨轮很少有被打翻的，被打翻的常常是根基轻的小船。船在负重的时候，是最安全的；空船时，则是最危险的。"

这就是"压力效应"。那些得过且过，没有一点压力，做一天和尚撞一天钟的人，像风暴中没有载货的船，往往一场职场的狂风巨浪便会把他们打翻。在绝境中的破釜沉舟能够给你带来这种"压力效应"，反而能够让你抵挡住各种负面情绪的侵蚀，在心中产生源源不断的正能量，从而让你在绝境中创造出你自己都无法想象的奇迹。

压力，能使人在思想感情上受到多方撞击，从中感悟人生的真谛，从而自觉把握人生的走向。

有一在某重要部门任职十多年的中年人，手中有点儿权，但他不以为骄，为人正直，洁身自好，人际关系亦不错。当谈及这方面的情况时，他说："这应得益于当年知青上山下乡的磨炼。当年在农村苦与累且不说，由于家庭的原因，政治上受到压抑，招工上学全没我的份儿，在一块下乡的知青中我是最后一个回城的。我知道有今日来之不易。靠我工作的便利条件，搞点歪门邪道是容易的，但我知道那样做的最终后果。想想当年和我们知青一块劳动的同龄人，他们大多数仍还在脸朝黄土背朝天地'土里刨食'。所以，我始终能保持一种清醒和理智。其实，人要有所为，就要有所不为。该做的一定要做好，不该做的坚决不做。人要有所得，就要有所失。该失去的东西就要毫不吝啬，甚至忍痛割爱。得到的并不一定就值得庆幸，失去的也并不完全是坏事情。能否从容对待、恰当处理这些问题，就看自身的修养和品德了。"

相反，人若是太幸运了，离开压力的"哺育"、悲痛的"滋养"，常常是浅薄的。懒于思考，不知天高地厚，也不知自己的能力究竟有多大，最终只能碌碌无为，成为坠地尘埃。

此外，正确地认识因压力而形成的适度紧张能增强大脑的兴奋过程，提高大脑的生理机能，使人思维敏捷、反应迅速，增强主观能动性，从而让自己在一些甚至不够了解的领域都能够游刃有余。

第三章

树立正确认知，读懂职场才有好情绪

1917年1月8日，王永庆出生在台湾台北县一个贫苦的茶农家中。他祖籍福建安溪，这里出产蜚声国内外的名茶铁观音，从祖上开始，家里就一直以种植茶叶为生。

小时候，家里十分贫穷，作为家里长子，王永庆每天都要走很远的路去打水、喂猪，帮家人干活。父母辛苦供他读书，但是他对书本从来不感兴趣，因此成绩从来没好过，小学毕业就开始做工了。

15岁那年，经人介绍，王永庆来到一家米店打工。聪明伶俐的他，除了完成自己送米的本职工作以外，处处留心老板经营米店的窍门，学习做生意的本领。第二年，他觉得自己有把握做好米店的生意了，就请求父亲帮他借了些钱做本钱，自己在嘉义开了家小小的米店。

虽然是小地方，但竞争也很激烈，并且王永庆是外来户，而当地的顾客在此之前都已有熟悉的店铺。20世纪50年代初，台湾急需发展的几大行业，是纺织、水泥、塑胶等工业。由此台湾"工业局"推出一系列工业发展计划，其中包括利用美国援助兴建石化工业基本原料——聚氯乙烯塑胶粉，王永庆看到这一领域的潜力，就和创业伙伴一起去找政府主管，申请这个项目。

可是由于他对塑胶一无所知，不但没有申请到项目，还被大大地奚落了一番。为此，王永庆花了1年的时间学习塑胶知识，而这些知识为他以后的生产打下了扎实的基础。

当时台湾的化学工业中有地位、有影响力的企业家是何义，政府也愿意将这个项目交给他来办。可是何义到国外考察后，认为台湾的塑胶产品无论如何也竞争不过日本的产品，所以不愿向台湾的塑胶工业投资。于是无奈之下，这个风险大、利润不高的项目还是落到了名不见经传的普通商人王永庆身上。

消息传出，王永庆的朋友都认为王永庆是想发财想昏了头，纷纷劝他放弃这种异想天开的决定。当地一个有名的化学家，公然嘲笑王永庆根本不知道塑胶为何物，开办塑胶厂肯定要倾家荡产！

其实，王永庆做出这个大胆的决定，并不是心血来潮，铤而走险。他事先进行了周密的分析研究，虽然他对塑胶工业还是外行，但他向许多专家、学者去讨教，还拜访了不少有名的实业家，对市场情况做了深入细致的调查，甚至已私下去日本考察过！他认为，烧碱生产地遍布台湾，每年有70%的氯气可以回收利用来制造PVC塑胶粉。这是发展塑胶工业的一个大好条件。

1954年3月，台湾第一家塑胶工业有限公司登记设立了，自有资金约50万美元，美国援助有67万美元。3年的筹建工作之后，改名为台湾塑胶工业公司，王永庆自任董事长，正式生产PVC塑胶粉，从此，他走上了事业的起飞点。

但是塑胶粉粒生产出来了，首期月产仅100吨，可谓世界上规模最小的。付出的成本根本无法收回，而当时的日本同类产品物美价廉，充斥了台湾市场，王永庆的产品都积压在仓库，公司面临倒闭的危险。

就在这种时候，许多股东都失去了信心，纷纷退股，而王永庆却表现出一个远见卓识的企业家的眼光和胆量，他决定"破釜沉舟，在此一举"，毅然变卖了自己大部分的产业，以低价买断了台塑公司的所有产权，独自经营。

第三章
树立正确认知，读懂职场才有好情绪

倘若王永庆没有"破釜沉舟"的一举，他后来可能就不会获得如此大的成功。王永庆认真分析了台塑不景气的原因，发现除了日本产品的竞争之外，最主要的还是台湾地区的需求量有限，需求与供给之间，一个月要有80吨的差额，台塑的产品在台湾明显是供大于求。要想改变现状，只有打开台湾以外的市场一条路可走。

但是要想把台塑的产品外销，靠月产100吨的产量是极不现实的，没有任何竞争力，唯一的办法就是扩大再生产。王永庆决定马上扩大生产规模，台湾是世界上主要的烧碱生产基地之一，生产烧碱过程中被弃之不用的70%的氯气，为塑胶工业的发展提供了充足的原料。

他自己也明白，明知道产品过剩时，仍然坚持扩大生产产量，这是明知山有虎，偏向虎山行，是要冒很大风险的，但他已经有了破釜沉舟的勇气，还有什么可惧怕的呢？王永庆经过几次扩大生产规模，又实行塑胶产品的深加工，终于使台塑企业起死回生，台塑的航母一点一点地成形了。

破釜沉舟是需要有大智慧、大勇气的，就像项羽当年在巨鹿之战时一样。当时项羽尚且是个20多岁的年轻人，他破釜沉舟自断后路难道真的准备好不成功便成仁了吗？以他20多岁的年纪又天生神勇难道真的打算一事无成时就死吗？实际上，他是分析了客观形式之后做出了决定的，在这次战役中，项羽抓住秦军分散布防的弱点，利用楚军的速度和凶悍的冲击力对其各个击破。在楚军的快速突击之下，秦军甚至来不及进行有组织的抵抗，常常是刚刚接到败报，楚军就已经冲杀到了自己的营寨前面。另外，项羽比较重视军队本身的建设，他对军队的布防、组织、进退攻守等各个方面都有着独到的方法，这些方法从来就没有见

诸过任何的军事典籍,但是却非常适合于战场。但是敌我力量悬殊实在太大,以7万对40万,无论如何都是有难度的,不破釜沉舟断了后路,士兵们心怀逃生的希望必定不全力以战,所以他毅然决定破釜沉舟,事实证明他没有失策。

王永庆也一样,倘若在股东都觉得没有希望纷纷退股之时,他自己也觉得希望渺茫放弃了,那么他一定成不了台湾的塑胶大王,也不会有后来的成就,因为他破釜沉舟了,已经没有退路了,他也知道台湾有发展塑胶工业的条件,成功并不是没有可能,他必须想尽一切办法调动一切资源来得到成功,他的勇气和胆识是值得人佩服的,也正因如此,他才有破釜沉舟的举动,最终在商业上获得成功。

破釜沉舟并不是人人都可以做到的,它需要异于常人的勇气和智慧,因为一旦不成功,便一败涂地,可能永远都没有翻身的机会了。但是你不逼自己一下,永远不会知道自己有多优秀。破釜沉舟并不是绝境中的无奈之举或垂死挣扎,恰恰是智者与命运决一死战的勇气与决心。认识到这一点,破釜沉舟的局面带给你的就绝不是那些负面情绪,而是积极向上的正能量,当需要破釜沉舟的时候,拿出这种勇气来,就一定可以助你战胜那些看起来无比艰难的困难,翻过那些看起来高不可攀的山峰,站在职业生涯的顶端。

8. 蛰伏是成功必经的阶段

职业生涯里有着各种阶段,有站在十字路口艰难的选择,有身处绝境的绝地反击,各种大风大浪很多人都经历过也经受住了考验。然而,

第三章
树立正确认知，读懂职场才有好情绪

却有不少人在一个看起来风平浪静的阶段折戟，这个阶段相比于上面所提到的，也许并没有那么惊心动魄，却艰难异常。然而能够最终获得成功的人，几乎都经历过这样一个"磨人"的阶段——蛰伏。

但凡成功之人，往往都要经历一段没人支持、没人帮助的黑暗岁月，而这段时光，恰恰是沉淀自我的关键阶段。犹如黎明前的黑暗，挨过去，天也就亮了。很多伟大的成功者都有过"蛰伏"的经历，蛰伏期间也有情绪的变化，也有心底的消沉，但他们没有就此沉沦，而是利用这样的机会修炼自己，提升自己，再出山时已然改头换面，焕然一新，旧有的缺点和毛病全部在蛰伏期间修理干净，剩下的就是坚毅、隐忍、稳重、淡定等这些成功的特质，所以成功最终属于他们。

清末期的"中兴之臣"曾国藩，就曾有过一段长达两年的蛰伏期。

当时湘军为镇压太平军立下汗马功劳后，咸丰帝对其既倚望又忌惮其功高，所以不给其实权，江西通省的官员处处给曾国藩下绊子，设障碍，与其针锋相对。曾国藩非常痛苦。正在曾国藩痛苦万分之时，他接到父亲的讣告。这个噩耗此刻倒成了摆脱困境的良机。他立刻上疏要求回家守孝，皇帝当然不会批准他在家守孝三年，在回复中催他立刻回到军中。曾国藩给皇帝上了一封奏折，一股脑儿地把自己压抑已久的愁苦愤懑都说了出来，期望皇帝体谅他的苦衷，授予他职权。没想到逞妇人之智的咸丰帝却和曾国藩较上了劲。适值此时天京内讧之后，太平军内部分裂，势力大衰，看起来已指日可平，有没有曾国藩好像也没有大碍。于是顺水推舟，批准他在家守制三年，实际上解除了曾的兵权。

这当头一棒差点把曾国藩打昏。他万没料到苦战数年竟是这样一个结果。更让曾国藩痛苦的是，建立不世大勋的千载良机眼睁睁地从自己眼前溜走了。此际正当太平军由盛转衰的转折点，而他偏偏在这个时候回了家。他的许多部下，都因军功飞黄腾达。比如以知府投身于他的胡林翼早当上了湖北巡抚，而他却仍是一个在籍侍郎，职位没有任何升迁。

蛰伏是成功必经的阶段

原本自诩硬汉的曾国藩这回有点挺不住了，举动大异常态，整日生闷气，"心殊忧郁"，动不动就骂人，理学家的风度荡然无存。在极端痛苦中，他拿起了朋友向他推荐的老庄著作。几千年前的圣人之言给了他意想不到的启示，让他恍然见到了另一片天地。他像一个闭关的和尚一样把自己关在屋子里，一坐就是一整天，把自己起兵以来的种种情形在大脑中过了一遍又一遍，渐渐静下心来。

曾国藩反思，在官场上一再碰壁，碰得鼻青脸肿，不光是皇帝小心眼，大臣多私心，自己的个性、脾气、气质、风格上的诸多缺陷，也是重要原因。回想自己以前为人处世，总是怀着强烈的道德优越感，自以为居心正大，人浊我清，因此高己卑人，锋芒毕露，说话太冲，办事太直，当然容易引起他人的反感。

曾国藩终于认识到，行事过于方刚者，表面上似乎是强者，实际上却是弱者。这片土地上真正的强者，是表面上看起来柔弱退让之人。所谓"天下之至柔，驰骋天下之至坚"。中国社会的潜规则是不可能一下子被扫荡的，那些他以前所看不起的虚伪、麻木、圆滑、机诈，是在这片土地上生存的必需手段。只有必要时合光同尘,圆滑柔软,才能顺利通过一个个困难的隘口。只有海纳百川,藏污纳垢,才能调动各方面的力量,到达胜利的彼岸。

曾国藩把家居的两年称为"大悔大悟"之年,他的思维方式在这里发生了重大转变。

人算不如天算。曾国藩本以为平定太平天国之战与自己没有关系了,不想在天京内讧之后,太平天国势力又回光返照,攻破了清军江南江北大营。咸丰八年(1858年)皇帝不得不重新起用曾国藩。大喜过望的曾国藩再不提任何条件,立刻出山。

曾国藩的朋友们惊讶地发现,曾国藩变了,变得他们几乎不认识了:他变得和气、谦虚、周到了;对皇帝不再那么直言不讳,而是学会了打太极拳;他不再痛恨"滥举"(邀功时拼命保举下属,拉拢人脉),而是"同流合污"了;治军不再一味从严,而是宽严相济了……从此,曾国藩一步步走上了晚清权力的巅峰。

所以蛰伏,并没有什么不好。蛰伏正好是给你留下了一个反思自我、修炼提升的机会,没有必要抱怨、不满甚至一蹶不振,要化解自己的不良情绪,伺机而出。可以抱怨,但必须忍耐,积蓄力量,等待机会——这样,你的职业生涯才会有希望。

有一个特别红的职场奋斗士叫许单单,1982年出生的安徽农村小子,研究生毕业5年,跳槽3次,从一名年薪10万元的互联网公司职员,变成年薪几百万元的互联网分析师。2011年12月,他离开了工作两年的顶级中国基金公司加盟美国对冲基金，成为美国对冲基金唯一一位中国雇员。这样光芒闪闪的励志故事听过千百个，但是许单单只说了一句话："人们往往看到光鲜的结果，而不会去想象背后的黑暗中的准备。"没人去关注他出身农村的贫穷和自卑让他大学里一顿只吃两个馒头，没人关注他在研究生阶段就开始辛苦创业，没人关注他投过无数简历，仍然被心仪的公司拒之门外，没人关注他在职场上不管加班到多晚，第二天客户说一起吃早茶吧，他都会去……

许单单的蛰伏为他积蓄了力量，丰富了经验，这些成为他获得成功的最好资本。蛰伏阶段看起来是那样平淡无奇甚至是一段"荒废"的职业生涯，然而实际上它却锻炼了一个人的耐心、恒心，让人拥有了坚定的意志，同时也积累了知识、经验、技巧，最终量变到达质变，让成功突然间就如同雨后春笋般蓬勃生长。

当然，蛰伏阶段并不是那么容易平安度过的，它十分会用平淡的经历来"折磨人"，而如果你要想真正让蛰伏阶段成为种植成功的土壤，那么就必须树立正确的认知，避免在这个"平淡期"不断积累负面情绪导致内心的彻底崩溃。

（1）正确看待平淡，平淡不代表平庸。

淡字，一半是水，一半是火；人生，一半是披荆斩棘，一半是急流勇退。水火本不相融，造字者巧妙地将二者融会贯通在一起，揭示了"淡"的真味，刚柔相济。人生的"淡"，既需要披荆斩棘的拿得起，更需要急流勇退的放得下。月亏则圆，月圆则亏，人生的至境，不是一味的"进"，更不是一味的"退"。

（2）蛰伏期的辛苦都是在为以后的成功"投资"。

世上没有一件工作不辛苦，没有一处人事不复杂。即使你再排斥现在的"付出与回报不成正比",光阴也不会过得慢点。不要随意就让负面情绪占据你,你在这个阶段的付出并非没有意义,你的付出是在建设成功的未来。不要太计较眼前的得失,把目光放长远,当你看到不远处成功闪耀的光芒,心中自然也就充满了积极情绪。学着踏实而务实,简单而快乐。当你有了足够的知识和阅历做后盾,又有了踏实与乐观环绕,你在走职场这条路时就会变得底气十足。

人生有顺境也有逆境,不可能处处是逆境;人生有巅峰也有谷底,不可能处处是谷底。因顺境或巅峰而趾高气昂,因为逆境或低谷而垂头丧气,都是浅薄的表现。面对蛰伏期,如果你只是一味地抱怨、生气,那么你注定永远是个弱者。

没有经历蛰伏你就不可能获得真正的成功。

第四章

给心态"洗洗澡",为情绪"排排毒"

态度决定一切,职场中是如此,调节情绪也是如此。一个人的心态在很大程度上影响着一个人的情绪。心态良好,无论在工作中面对什么困难总能保持积极情绪;心态不良,即便在工作中一帆风顺也会情绪不佳。常常关注自己的心态,调适自己的不良心态,实际上你也就成功调解了自己的情绪。

1. 不良心态让负面情绪激增

在工作中不知你有没有过这样的感受：如果你对一项工作充满兴趣，那么你在着手做这项工作的时候就会产生快乐、期待、有斗志等积极情绪；相反，如果你对某件工作充满敌意，那么在工作中也会产生紧张、痛苦、焦虑等消极情绪。心态对于情绪有着很大影响，良好的心态能够给你的内心带来更多积极情绪，而不良心态则会导致消极情绪激增。

与情绪不同，心态是由我们的主观思想形成的，也就是说你拥有什么样的心态完全取决于你自己的内心，情绪则会受到内外两方面因素的影响。因此，相对来说，调整自己的心态比直接调节情绪更简单也更有效，因为你的很多负面情绪其实都是由消极心态引起的。

在我们的身边，或者我们自己或多或少就有一些消极心态的影子。一个人一旦被消极的职业心态所支配，他对事物永远都会找到消极的解释，并且总能为自己找到抱怨的借口，最终得到消极的结果。接下来，消极的结果又会逆向强化消极的情绪，从而又使人成为更加消极的人。心态消极的人总是在关键时刻怀疑自己，并将自己的消极情绪传染给他人；永远悲观失望，抱怨他人与环境；常常自我设限，让自己本身无限的潜能无法发挥；整天生活在负面情绪当中，不能享受工作带来的固有乐趣。

具体来说，影响我们职业生涯的消极心态主要有以下七个方面。

（1）浮躁心态。

"浮"指性情飘浮，不能深入，浮光掠影，不踏实；"躁"指脾气急躁，自以为是，骄傲自满。浮躁其实是一种病态心理表现，其特点有：

①心神不宁。面对急剧变化的社会，不知所为，成天无所事事，做事无恒心，见异思迁，不安分守己，对前途毫无信心。

②焦躁不安。不能静下来踏踏实实地学习、工作，而是求多、求快，希望一口吃个胖子。在情绪上表现出一种急躁心态，急功近利。

③盲动冒险。浮躁的人急于求成，由于情绪取代理智，使得行动具有冲动性和盲目性。行动之前缺乏思考，为图一时之快，将可能的后果置于脑后。

（2）消极抱怨心态。

成功人士与失败者的差异是：成功者将挫折、困难归因于个人能力、经验的不完善，他们乐意不断向好的方向改进和发展；而失败者则怪罪于机遇、环境的不公，强调外在、不可控制的因素造就了他们的人生位置，总是抱怨、等待与放弃。

（3）斤斤计较心态。

斤斤计较的人，计较了眼前，失去了长远；计较了现在，失去了未来；计较了薪酬，失去了能力；计较了自己，失去了别人。斤斤计较的一生，反而是一无所获的一生。

（4）投机取巧心态。

投机取巧心态，往轻里说，是指不愿意付出艰苦劳动，靠小聪明以取得成功；往重里说，是指用钻空子的办法和狡猾的手段，来获取不正当的利益。投机取巧的人希望取得卓越的绩效，但不愿意付出相应的努力；希望到达辉煌的巅峰，却不愿意经过艰难的道路；他们渴望取得胜利，却不愿意做出牺牲。

（5）好高骛远心态。

当下，很多的人在职业化的道路上，自我期望太高，有的甚至严重偏离实际，于是出现眼高手低，好高骛远的情况。

好高骛远在职业过程中主要表现为三个方面：

员工情绪自我控制的方法与技巧

耶鲁大学法学院毕业,华盛顿一些政治大佬看上了他为民主党总统候选人麦戈文助选的经历,邀请他去工作。克林顿考虑了十天,拒绝了,他厌倦了给别人拉票。碰巧,阿肯色大学法学院需要一名助理教授,他决定去做教书匠。

人生是一个不断挥手的旅程

1974年,他萌生了参选阿肯色州联邦众议员的想法。此时,一个名叫约翰·多尔的老朋友打来电话:"我现在是联邦众议院首席顾问,负责调查尼克松总统是否应受弹劾一事,需要年轻律师,快来华盛顿吧。"这一次,克林顿只考虑一天,就谢绝了。约翰·多尔十分震惊:"你犯了个愚蠢的错误。这是弹劾总统!多少人梦寐以求的历史性机遇,你居然放弃?"

"全美国有才华的年轻律师都愿不惜代价为您工作,而除我之外没有一个年轻人愿为阿肯色而战斗。"克林顿礼貌地挂断电话,投入联邦众议员竞选中。他每天工作18个小时,跑遍全州21个县。在每个偏远的小镇,他走进商店、咖啡馆、加油站甚至殡仪馆。"我喜欢一对一地'零售'政治。这些小店主和殡仪员,认识镇上全部的人,他们就是最重要的选票。"结果,首次参选的他得到48%的支持率,但老资历的共和党人还是赢了。

1975年年底,支持者们怂恿克林顿再次参加国会议员的竞选,"去征服华盛顿政治圈"。一个小时后,克林顿就说了"不"。"既然我想为阿肯色做事,不用做国会议员,做别的也行。"他决定竞选州检察长,这次他成功了。1978年他又成为

第四章
给心态"洗洗澡",为情绪"排排毒"

美国历史上最年轻的州长,并获得五次连任。

1992年,从未在华盛顿政坛"混"过的克林顿,成为白宫主人。回首往事,他说:"决定人生的并不是你选择了什么,而是你选择放弃什么。如果当初我去了华盛顿,我后来根本不可能当选总统。"

放弃有时候并非一种失去,而是让你得到更多的最好途径。只有懂得放弃你才能够真正在工作中避免不必要的消极情绪,才能够真正在工作中获得快乐。学会放弃对于想要在工作中掌控自己情绪的你来说是至关重要的。然而要想做到这一点,你就必须调整自己的心态,让自己明白放弃并不是一件所谓的"坏事"。

(1)把放弃当作一种付出,有付出才有回报。

人们之所以难以做出放弃的选择,是因为在很多人的认知中,放弃就代表了你将失去一些东西,而这种失去是无意义的。然而实际上放弃也是付出的另一种形式,就像你为了成功可以付出努力和汗水,可以付出时间和精力,为了成功你也可以选择放弃。放弃并非是让你毫无意义地舍弃一些东西,而是让你主动付出一些自己所拥有的从而换得一些自己想要得到的。其实仔细想想,你付出努力和汗水,付出时间和精力不也是一种放弃么?你放弃了安逸选择了辛苦,那为何对一些你所拥有的东西不愿去放弃呢?

(2)要看到放弃让你得到了哪些东西而不是失去了哪些东西。

很多员工之所以不愿意去放弃工作和生活中的一些东西,很大程度上是因为他们只看到了放弃让他们失去了什么,而没有看到通过放弃他们能够得到什么。不要将眼光仅仅局限在眼前自己所拥有的这点东西上,而是应该看到通过你的放弃,你能够得到什么更令你期待、更加美好的东西。上天对每个人都是公平的,你想要得到一些就必须要学会放弃一些。如果你总是紧紧抓住自己所拥有的这一点点东西而不去学会放弃，那么你最终也只能拥有这一点东西，你的人生将停滞不前，你最终放弃的将是自己追求更美好人生的机会。

（3）要明白你现在不舍得放弃的东西也许在生命长河之中根本不值一提。

每个员工要想取得长足的进步就必须让自己拥有发展的眼光，能够看得更加长远，为了远大目标选择放弃眼前的一点点利益。不要总紧盯着眼前的一点得失，也许这些得失放在你的整个工作和生活旅程中根本不值一提。因此你要学会舍弃眼前的利益而去追求更远大的目标，如果你总是为了不忍舍弃生命旅途边的一朵小花，那么最终你的步伐也将被牵绊，永远没有到达成功目的地的机会。

（4）知难而退是一种智慧的放弃。

知难而退有时比知难而进更重要，也更富有智慧。如果一开始没成功，再试一次，仍不成功就该放弃；愚蠢的坚持毫无益处。

然而很多人虽然明白这个道理，在工作中却难以做到。为什么明知道错了，还不去改？不是你的，为什么还不放弃？知错就改，是一个人有力量、有决心的标志，更是一个人有希望、有成就的根本。其实生活很简单：东西丢了，找一下，实在找不到，就忘了，去找下一个；摔倒了，爬起来，拍拍灰尘，继续赶路。不能尽快地结束，就不能尽快地开始，不能很好地结束，就不能很好地开始。

知难而退还意味着不要后悔，因为"后悔是一种耗费精神的情绪"，后悔是比损失更大的损失，比错误更大的错误。心还在梦就在，你就可以从头再来。从头再来是一种人生的豪迈。

许多没有意义的追求都是慢慢来到的。在不知不觉中，你已经与那些注定要消亡、要被淘汰的事物交织在了一起，你知道和它在一起没有前途，但你已经习惯它了，除非亲眼看到它死，否则很难下决心离开它。人是很容易成为习惯的奴隶的，不分开，有时只是因为习惯了。

但问题是，人做任何事都是有机会成本的，你选择了这个，就要放弃其他，你放弃得越多，你手中的这张牌看起来就越重要，你也就越放不下它。其实许多时候，一件事物的重要性是时间赋予的，而它本身并没有什么。

你背着一个行囊走在职场的道路上，如果行囊装得太满了就会很沉很重，给你带来很大压力。一个生命背负不了太多的行囊。拖着疲惫的身躯走在职场大道上，你注定要抛弃很多。果断的放弃是面对人生、面对工作的一种清醒睿智的选择。只有学会放弃那些本该放弃的包袱，你才会轻装上阵，在职业生涯里一路高歌；只有学会放弃走出烦恼的困扰，你才真正赶走了那些阻碍你前进的负面情绪。

职业生涯里值得你追求的东西很多，如果拼命地追求那些本该放弃的，本该苦苦追求的却又因此而错过，到头来只能换得竹篮打水一场空。如果说执着是一种精神，那么放弃则是一种勇气和境界。得不到的或不该得的就该果断地放弃。每个人的精力和时间都极其有限，不允许你四面出击，分散自己的时间和精力。不要因为不舍得放弃而在大好时光中忙忙碌碌、终无所为，只有学会放弃你才能够让自己的事业最终修成正果。

3. 坦然看得失，接受并感谢你所经历的一切

在你的职场生涯里，你几乎每一天都会经历得失，可以说职场之路就是在得失中前行，周而复始，永不停歇。然而在实际中你遇到的更多

情况可能是失去，无论在物质上还是精神上都是如此，正所谓人生不如意十有八九。

也许每当你面对失去时都会感叹命运不济，流露出的是失落、彷徨、伤感这样的负面情绪。然而如果这样想，你的人生一定是痛苦的，你承受的压力也一定是巨大的。其实这种对得与失之间的情绪变化都是由你对得失的心态所导致的。如果你能够坦然面对得失，那么你就会发现自己能够心如止水，这对于实现事业上的成功有着重要意义。

卢梭说过："除了身体的痛苦和良心的责备以外，一切痛苦都是想象出来的。"因此，只要你正确对待人生中的得失，那么你就不会因为失去而痛苦，自然也就不会因为失去而给你带来心理上的压力。

在夏朝有一个著名的神箭手，夏王听说了这位神射手的本领，十分欣赏他。

有一天，夏王把他召入宫中来，准备领略他那炉火纯青的射技。夏王命人把他带到御花园里找了个开阔地带，叫人拿来了一块一尺见方、靶心直径大约一寸的兽皮箭靶，用手指着说："这个箭靶就是你的目标。如果射中了的话，我就赏赐给你黄金万两；如果射不中那就要削减你一千户的封地。"

他听了夏王的话，一言不发，面色变得凝重起来，看着一尺见方的靶心，想着即将到手的万两黄金或即将失去的千户封邑，心潮起伏，难以平静。想到自己这一箭出去可能产生的结果，他的呼吸变得急促起来，拉弓的手也微微发抖，瞪了几次都没有把箭射出去。最后，他一咬牙松开了弦，箭应声而出"啪"的一下钉在离靶心足有几寸远的地方。他脸色一下子白了，他再次弯弓搭箭，精神却更加不集中了，射出的箭也偏得更加离谱。

他收拾弓箭，悻悻地离开了王宫。夏王在失望的同时掩饰不住心头的疑惑,就问道:"他平时射起箭来百发百中,为什么今天大失水准呢?"

有一位一直在旁边观察的大臣解释说:"他平日射箭,不过是一般练习,在一颗平常心之下,水平自然可以正常发挥。可是今天他射出的箭直接关系到他的切身利益,根本无法静下心来发挥技术,又怎么能射得好呢?"

对于你来说,工作也是如此。倘若你总是将得失当作你唯一的关注点,那么肯定也会背负上巨大的心理压力,产生不少负面情绪,自然也就很难很好地完成一件事情;而如果你能够从容地面对得失,那么你往往会在工作中获得更多。

当然在面对得失的时候表现得从容不迫需要强大的心理素质,而要想培养出这种心理素质,你就必须树立正确的心态,只有能够在得失之间保持心态平和,你才能够做到在得失面前从容不迫。

(1)要明白失去其实也是一种得到。

其实,每个人的一生就是在失去与得到中反复,没有失去就没有得到。只有你失去了一些东西,才能激发你得到的欲望和动力,才能够推动你不断前进,从这个意义上说,失去其实就是一种得到。塞翁失马,焉知非福,在职业生涯里,不要一经历失去就感到沮丧,不如想想这次失去对你来说有什么好的地方,在心里不停激励自己。

(2)别把全部目光都集中在事情的结果上。

对得失非常在意的人,往往在工作和生活上做任何事都是只看结果而从不关心过程。然而其实你在很多时候之所以会觉得快乐,正是因为你在做的事情,而并非做这件事能得到什么样的结果。人生只要是充实的就是快乐的,因此不妨把放在结果上的目光挪到整个事情的过程上,也许你就会发现人生中不一样的精彩。不要总是望着自己的"目的地"而忽略了那些"沿途的风景"。

(3)得失有时并非你所左右,没必要总怪罪自己。

有句古话说:谋事在人,成事在天。在你做工作和生活中的每一件事时,事情会得到怎样的结果除了取决于你自身的努力外,也会受到外界客观因素的影响。虽然说你不能够把事情的结果全部归咎于客观因素,然而你也不能忽视客观因素确实产生着影响。因此,即便有时候你失去了很多,也没有必要去怪罪自己。总是怪罪自己就会让你变得特别在乎事情的结果,特别在乎得失。

对待得失,要有一颗平常心。在这个世界上,属于你的,终归会属于你,只要你肯努力;不属于你的,再怎么想也没有用。人生苦短,行走在人生路上,总会有许多得失和起落。你每天都在经历着收获,同时也在承受着失去。有进退,有荣辱,有得失,才是人生。生活本就得失起伏,坦然面对才能活得精彩。

4. "非黑即白"的心态让你总受气

孩子和大人一起看电影时,常会问:"爸爸妈妈,这个人是好人还是坏人?"得到一个"正确"答案,就心满意足了。在孩子单纯的心灵中,世界是非黑即白的:好人就可以信任,坏人就要提防和远离,不存在既好又坏的人。

小孩如此看待世界是出于生理和心理限制,如果一个成年人还抱着

第四章
给心态"洗洗澡",为情绪"排排毒"

这种心态,就稍显不成熟了,这种心态还会给人在职场中带来巨大阻碍,让人总是因此而产生气愤、委屈等负面情绪。

"非黑即白"的特点是用"绝对二分法"来看待一切人与事,要么好、要么坏,要么对、要么错,要么爱、要么恨……这种简单机械的思维方式容易使你心中产生极端、对立和冲突。

"非黑即白"的心态与成长过程密切相关。孩子由最初的单纯懵懂,能够分辨出好与坏、黑与白,到随着人生经历的丰富,大脑和心智进一步成熟,他们逐渐看到事物更丰富的层次,并学会接纳、包容生活的复杂性。而有一些人成长过程中缺失了这个发展阶段。比如,有的人生活在家人的溺爱中,过于随心所欲,要风得风,要雨得雨,于是没有机会经历现实世界里必然会面临的挫折、失望、不如意;有的人则由于父母家人过度严苛,在狭窄刻板的环境中长大,没有看到一个完整、丰富的世界,也没有机会理解和接纳世界好坏参半、有犯错也有原谅、有宽容也有妥协的两面性。因此,这些人虽然长大,却不够成熟,对事对人仍然停留在童年时代非黑即白、非此即彼的简单判断中。

要改变这种心态,最主要的是训练自己对"中间地带"的容忍:容忍在完美和糟糕之间还有"优秀""良好""过得去";容忍好友和敌人之间还有"点头之交""陌路人";容忍我们和身边的人可以犯错误、不够完美;容忍周围的人也有他们自己的生命选择、看法和观点……当我们能接纳、感受生命中的更多东西,对世界开放并抱有好奇心时,心灵就变得更加丰富,心胸就变得更加宽广,就可以慢慢摆脱"非黑即白"的心态,以更成熟的态度来面对工作和人生。

而如果你希望自己能够对"中间地带"有较强的容忍能力,就必须让自己明白一些道理。

(1)对和错是相对的,而不是绝对的。

相信在职场中打拼一段时间后,每个人都能在实际工作中体会到这一点：有些时候对错是可以完全交换的，在某些工作中用这样的方法就是对的，然而放在其他的工作中就是错的，反之亦然。对错本就是一种相对的评价，在不同的客观条件、不同时间、不同限定中，对错都是随时有可能改变的，没有一成不变的对，也没有一成不变的错。对错是人赋予的定义，并不是客观存在，因此当然不可能是绝对的。

（2）争论对错是没有意义的。

在职场中，最没有意义的事情就是浪费精力和时间去做完全不能提升自己价值的事情，争论对错就是其中之一。你不可能因为据理力争从而证明自己的某些观点是正确的就让自己的价值获得提升，就让自己的业绩更进一步。相反，争论对错所花费的时间、精力，只会让你在做接下来的工作时感到更加困难。每个人的世界观、价值观不同，对事情的看法也不尽相同，因此你当然不可能让所有人都认同你的是非判断。试图去说服他人接受自己的个人主观观点是非常愚蠢的行为，毫无意义。

"非黑即白"的心态会让你在工作中处处受气，从而让自己产生许多消极情绪。在对错之间保持正确的心态，别把自己认定的对错当成"真理"，那么你就会发现在自己的工作过程中，消极情绪大大减少了。

5. 保持平常心，为人处世心平气和

每个职场人在自己的职业道路上要应对的事情实在太多，人们常感叹最近又有多少不如意、不顺心。是的，在应对突如其来的工作困扰、困难与挫折的折磨、人际交往中的矛盾如何处理等事情时，不少人的心态开始不再平和，负面情绪也就因此产生了。

第四章

给心态"洗洗澡",为情绪"排排毒"

对任何事保持一颗平常心,不带任何私心和奢求,很多问题往往就会迎刃而解,矛盾和心结自然就打开了,情绪也就恢复正常了。

保持一颗平常心,待人会更宽容。有了好的心态,就会遇事多往好处想,就能迅速发现别人的长处,就能够从心里坦然地接纳每一个人。工作中你会碰到各种各样的人,每个人既有优点,又有缺点。无论是在单位里与同事相处,还是与领导、客户相处,每一个圈子里都会碰到形形色色的人,各种各样的性格,如果不静下心来,观察分析,在与人打交道时,很容易在某些小事上与人发生摩擦,产生矛盾,使自己陷入不利的局面,产生不好的情绪。工作中你可能遇到过这样的人,他们心态很不好,总爱找别人的问题,指责别人这也不是,那也不是,结果使自己到处碰壁,事事不顺,闹得人人不爱与他多接触,只要有人提起他,大家会不约而同地摇头,这就是心态不平静造成的后果。如果有一颗平常心,就会冷静地思考,就能一分为二地看待别人,即使有不妥当的地方,也容易发现自我的问题,及时做出调整和改正,不至于对人产生偏见,更不会因此给自己招致导致负面情绪激增的各种客观因素。

保持一颗平常心,处世会更理智。现如今这个时代,是信息时代,竞争激烈的时代,面临许多选择和竞争,也会有许多的机会和挑战,如果情绪浮躁,很难较好地把握自我,一旦走错一步,就很容易走上恶性循环,一步错造成步步错,使人追悔莫及,给自己带来缺憾。在读书、就业和工作进取中,难免会有不如意的时候,如果保持一颗平常心,有了稳定的心态,就有了较好的承受力、理智的操纵力,也就能冷静地理解现实。不管碰到什么状况,心里都不会有太大的落差,这就能够使你在逆境中不至于迷失自我,在遭受失败和挫折后,很快地重新找回自我,校正前进的目标,进而发奋去实现。

保持一颗平常心,工作体验会更优异。当今社会,挣钱的门路很多,贫富差异比较大,物质享受也会悬殊,没有平常心,难以找到平衡点。因此，会经常有一些不必要的烦恼困扰，容易出现负面情绪。哪怕是在一个单位，由于工作内容的不一样，所处的地位不一样，以及各种关联的影响，待遇上会有较大差别，让人感到不公。

> 张伟是一位年轻的员工，上班时间不长，有潜质，有本事，说、写、干都有一套，当时在很多人的心目中，他就应很有前途。但他有一个致命弱点——心态不好，他感到怀才不遇，世道对他不公，有着典型的一种"愤青"表现，认为一些潜质比他差的人，处境好，地位高，工资多，待遇强，心里感觉别扭。平时，他总是有意无意地流露出不满，嘴里还说什么期望这个世界一切推倒重来。结果很长时间得不到重用。

这就是缺乏平常心带来的结果。有了一颗平常心，能够正确看待眼前的一切，较好地处理当前发生的事情，不会因此增加不必要的苦恼和烦闷，也就不会给自我的前程设置障碍，就能够享受每一天的愉悦，从而更加有利于自我的发展与进步。

保持一颗平常心，才能理性地战胜自我。每一个人都有自我的长处和短处，但人真正认识自我，了解自我却是不容易的事。你只有在心态平静、情绪平和的时候，才能发掘自我的长处，找到前进的方向，锁定人生的目标。每个人的优势在哪里，自己适合做什么，不适合做什么，只有冷静思考才能找到。只有静下心来去打拼，才能充分发挥自我的作用。那些跟着别人走，事事学着别人的人，是成不了大事的。当认识了自我，找准了目标之后，就应坚定不移地去实现，不怕风言风语，不被一时的困难吓倒，不怕遭遇失败和挫折，这些都务必保持良好的心态。只有保持平常心，才能做到走自我的路，让别人说去吧。这样的人才能成功，才能逐渐实现人生的理想和夙愿。

第四章
给心态"洗洗澡",为情绪"排排毒"

平常心并不是天生的,而是逐渐练就的,是在生活中、在工作中、在与人打交道的过程中,不断练就出来的,是在自我成长中,慢慢体验出来的,也是透过领悟一点一滴积存的。练就平常心,有时甚至要经过摔打、磨炼,从痛苦中去寻找,在失败中去体会。认识自我,了解自我,这是练就平常心的起点。人只有不断地调整自我,使自我意识到达某种境地,才能时常保持一颗平常心。

(1)记住嫉妒心态要不得。

嫉妒和冲动一样,都是魔鬼。人一旦陷入嫉妒,就会变得疯狂,觉得别人都是亏欠自己的,别人得到的应该是自己的才对,于是把别人都变成了假想敌,会用出格手段去争取自己想要的东西,伤害别人,更是伤害自己,严重点的就是有害社会。所以,记住嫉妒心态坚决不能有,一旦这种心态上来,你要努力克制自己,告诉自己你是善良的、我们要做一个好样的人,保持一颗平常心。

(2)记住有付出才会有回报。

所有的得到都是靠付出的,别人拥有的也是别人用辛劳和汗水换回来的,所以你一定要牢记,只有你自身努力付出、努力创造才会得到相应的回报,那些投机取巧的人,可能一时会很得意,但是时间一久必然会遭到惩罚的,你要把他们作为经验教训才好,鞭策自己,记住自己收获到的才是最真实的。

(3)记住别人有多辉煌与你无任何关系。

很多时候,你在看别人有多成功、多厉害,多有手腕的时候心里总是有点不满,无论对方是通过自己的努力还是利用钻空子谋取利益,觉得比自己好就不开心,比如仇富心理也是同样道理,可是你仔细想想,人家得到了什么,或者人家失去了什么,都是跟你没有半点关系的,你不会因为人家辉煌或者失意而得到或失去任何东西,既然没有半毛钱的关系,你为什么还要那么关注人家的成功呢,何不放松自己,平稳心态,保持你的平常心呢?

(4) 记住坚持自己的原则。

每个人都有自己做人的原则和底线,你最该给自己定的原则就是安分守己、遵守道德、辛勤付出、努力创造,为自己的生活提升一个又一个的台阶,通过自己的双手改善条件,对于别人的成就你应该学习好榜样而不是嫉妒,对竞争的输赢应该怀着再接再厉的态度,用平常心去对待别人、对待自己,做最棒的自己。

(5) 记住功名利禄不是最重要的。

功名利禄你可以去追求,可以去竞争,但是绝不能让它成为你职业生涯中最重要的东西。你要看淡点,得到最好,得不到也不要去强求,安定生活即可。在职场中最重要的是能够通过工作来实现自己的价值,能够健康平安、开心自在地做自己想做的工作,对工作充满感恩,这样你才能让自己不断积累积极情绪。

(6) 多做或多看有爱的事。

想要保持一颗平常心,那就去多做一些有爱的事吧,来洗涤你的心灵,让你变得更善良、更有爱心。生活疾苦的人、为生活所迫的人太多了,你看在眼里,应该对自己的生活感到知足。有时候可以向别人提供一点帮助的时候尽量帮点,这也是在帮你自己更放松心态。有句话叫知足常乐,感恩现在。如此,你便能一直坚持保有一颗平常心了。

生活就像一望无际的大海,人便是大海上的一叶小舟。大海没有风平浪静的时候,因此,人也总是有欢乐也有忧愁。一切保持常态,做事昂首挺胸,无所畏惧。用一颗淡薄之心、忍辱之心、仁爱之心去对待世界。当无名的烦恼袭来,失意与彷徨燃烧着每一根神经,但是,别忘了保持一颗平常心,痛苦将不再有。生活中,有什么比保持一颗平常心更洒脱的呢?

平常心,犹如一泓清泉,能够拂去灰尘,洗尽烦恼;平常心,犹如一杯香茗,能够消解干渴,饮出甘甜。一颗平常心,能够使考生们心中踏实,挥洒自如;一颗平常心,能够使员工状态稳定,气势如虹。应对荣辱与成败,一颗平常心,可使你波澜不惊,淡泊无求;应对恩怨和情仇,一颗平常心,可使你处变不惊,空灵无妄。

6. 正视平凡,小人物也可以有大人生

每个人小时候都有一颗不甘平凡的心,那颗心的名字叫梦想。就像张爱玲说的那样,她打小就有一个天才梦,那梦是五彩缤纷的,并且无所不能。就像马良有万能的神笔,能点石成金,也能下笔成文;像阿拉丁有神灯,可以一诺千金,无所不能;像孙悟空有金箍棒,七十二变,样样神通。

那时候梦想着长大能改变世界,像爱迪生发明电灯,为人类带来光明;像瓦特改造蒸汽机,为人类带来方便;像达尔文发现进化论,探究人类进化起源。如果这些智商"爆棚"的事情都做不到,那最起码也能像哥伦布一样,凭着一股子勇气和胆识发现个新大陆吧。

然而,事实总是有悖于梦想。过完天真的童年,上完小学、中学、大学之后走入职场才惊觉,别说改变世界,你连自己都改变不了。一个残酷的现实摆在你面前——你就是社会中、职场里最平凡的一员。

大多数情况下,很少有人敢于承认自己的平凡,并且从容不迫地去过平凡的一生。相反,人们总是想方设法地去掩饰自己的平凡,将自己伪装成一个很了不起的存在,甚至有时候还要自命不凡,自卖自夸地炫耀自己的非凡。

于是你拼了命去追赶,去超越,天天给自己打鸡血,把自己当成能追日的夸父,能移山的愚公,能填海的精卫,一个劲儿地鞭策自己,要努力,多学习,要反思,更要超越。每天都这样要求自己,每天都这么逼自己,就差把自己逼成神经病了,可还是成效甚微。

直到有一天,你发现你并没有走在成功的道路上,反而变得悲愤交加、怨天尤人、戾气深重、急功近利,甚至有点走火入魔。当你发现自己做不到的时候,就开始自怨自艾,甚至觉得这个世界满满的恶意,产生了太多太多负面情绪。你觉得自己天赋异禀却生不逢时,觉得自己才华横溢却怀才不遇。

可是,你也许怎么也不会想到,你的苦难并不是源自生不逢时,也不是怀才不遇,而是你根本就不了解生命的真谛。你不知道那些耀眼的光环只是一种对外宣传,你不知道那些惊世的发明背后也有平凡的开始。你追逐的并不是成功,而是一种虚荣,你的努力也不是发自肺腑,而是浮于表象。

正视平凡,小人物也可以有大人生

你每天都过得很累,每天都把自己弄得很疲惫,你觉得是在努力,其实是源于内心的自卑作祟。真正有底气的人,才不会向外人宣称自己的成功,反而谨守内心的平静;他们追求的也不是万人敬仰,而是踏踏实实、安安稳稳地过好平凡的每一天。

其实仔细想想,平凡有什么不好?平凡也同样可以孕育伟大,小人物也同样可以创造奇迹,发出耀眼的光芒。能否成功不在于你是否平凡,而在于你能否以正确的心态来面对你的平凡。

如果说《帝企鹅日记》是关于鸟的史诗,《迁徙的鸟》是关于飞翔的赞美诗,那么《天赐》就是鸟类世界中的小说《活着》。

第四章

给心态"洗洗澡",为情绪"排排毒"

在第四届德国科隆电影节上,中国第一部以鸟为"演员"的电影《天赐》,一举夺得"最受观众喜爱的电影"大奖,成为最耀眼的一匹黑马,其制作团队也成了颁奖典礼上最惹人注目的焦点。然而却没有人相信这部参加国际电影节并最终赢得大奖的影片竟然出自三位非专业电影科班出身的年轻人之手。

《天赐》讲述了一只孤独的小黑尾鸥与命运抗争的感人故事。这部关于一只海鸥成长经历的故事片,画面唯美,情节曲折、震撼。国际著名纪录片大师、科隆电影节评委沃尔克·诺瓦克先生对《天赐》给予极高的评价:"用纪录片的拍摄方式完成了故事片的创作,这是对电影的贡献。《天赐》是本届电影节最棒的电影!"

对!这部最棒的电影正是由他们完成的,他们被朋友们称为"三脚架组合",他们是名不见经传的小人物,平均年龄只有36岁,却创造了中国电影史上的一个奇迹。然而影片的背后他们的付出又是巨大的,整整七年,三个人把生命中最年富力强的七年都给了故事中的主角"天赐",熟悉他们的人说他们"疯了"。可是在他们心中这不是疯,是执着,是坚持,因为他们都被"天赐"打动了,从破壳而出,到失去父亲、哥哥、母亲……一只孤鸟,在海驴岛滔天大浪和滚滚惊雷中颤巍巍地成长。生存很残酷,生命很脆弱,生命很顽强,生命还很美好……这几乎就是一部生命勇气和力量的再现。

曾经他们的想法很简单,自幼喜欢鸟的导演孙宪,每当从电视里看完外国人拍摄的《动物世界》,他总有一点疑惑:中国的"动物世界"在哪里?终于他们发现了一个离威海市60多千米的海驴岛,小岛离陆地只有几海里,坐船20分钟左右的路程,海岛周围食物充足,是海鸟很好的繁殖地。每年春夏之际这里聚集着近万只海鸥和白鹭，这里可以说就是中国的动物世界的外景地。也就是从那时起，孙宪有了拍摄一部纯野生鸟类纪录片的灵感。2002 年 5 月 2 日，孙宪在这"无粮""无水""无电"的"三无"海岛上与志同道合的两位好友，开始了艰苦拍摄与创作，只是令他没有想到的是：拍的时间越来越长。计划也从拍一部纪录片转变成拍一部鸟的电影：没想到拍摄的过程是如此的惊心动魄，更没想到影片是如此的成功……

孙宪高中毕业参加工作两年后，考入曲阜师范大学学了几年油画。王建涛当过农民、司机、修理工，后来到济南广播电视学院学了两年摄影。于辉高中毕业后直接跟着孙宪学徒当美工。三人都不是电影科班出身，但身为电影院里的工作人员，放电影多年的经历，看过的数千部电影是唯一也是最好的营养来源。

拍摄鸟的电影，鸟儿却不是称职的演员，从不听从导演的安排。鸟的故事必须细心去观察，并用镜头语言去表达。这种在原生态下拍摄的片子，拍摄难度不可想象。一个在影片中几秒钟的镜头，有时需要三个机位拍上半个月的时间。整部片子剪辑完 80 分钟，却拍摄 400 多个小时，耗了 7 年的拍摄时间。

拍摄过程是艰难的，可更困难的是资金的短缺。最初的启动资金是他们拿出了自己的积蓄。三人先后投入了 300 多万元，最困难时连顿热饭都吃不上。2004 年冬，拍摄几乎使三个人陷入了绝境。此时三位"草根"电影制作人，拍摄了几百个小时的素材，但是如何做成一部作品？他们陷入了迷茫。

电影剧作家袁学强在看了他们的素材后，建议拍一部关于鸟的电影。要出一部电影仅仅是第一步，编剧本、做剪辑、配音、配音乐、制作、发行，每一个环节对孙宪和他的团队来说都是难以逾越的高山。在屡屡碰壁后，从没有学过电影制作的

第四章
给心态"洗洗澡",为情绪"排排毒"

孙宪平生第一次当起了导演,和同伴们边摸索边制作,长达400多个小时的素材每天翻来覆去地看,根据素材,剧本有了,一个小黑尾鸥的成长之路渐渐成型。影片最终定名为《天赐》,有人说《天赐》名字太平凡,但孙宪最终没有改。因为在拍摄过程中,大家几次与死神擦肩而过,这种幸运是天赐的,拍摄的黑尾鸥也是天赐,还有那些曾经帮助过他们的人,这些都是天赐的。所以"天赐"这个名字最能传达出他所要表达的主题。

2008年1月24日。这部电影获得了国家电影局的摄制许可证,有着影视圈才女美誉的徐静蕾友情为《天赐》配音。2009年10月13日,国家广电总局给《天赐》颁发了公映许可证。

至此,被朋友认为是"疯了"的孙宪带着他的摄制组在一步步实现着自己的梦想。7年艰苦的拍摄,并不都是困难和苦涩。长期的拍摄,使他们渐渐走进了鸟的生活。那些感人的画面,震撼着他们的心灵,给他们带来无比的快乐!被鸟儿的顽强生命鼓舞着,一下子所有的烦躁都不复存在了。最后撤离海岛的时候于辉对孙宪说:"下辈子如果你还要拍鸟,那我就做只鸟,你想怎么拍我就怎么飞……"

影片获奖的消息传到国内,让很多并不看好这部电影的人很吃惊,毕竟这是一个有些远离社会热点题材的故事。而拍摄《天赐》的三个人,也绝非艺术家或科学家,他们仅仅是一群普通人,几个电影院的美工。可是他们做到了。可能越是从普通人身上,我们越能感觉到这股来自内心的力量,尤其是在它被海驴岛上的黑尾鸥唤醒后。

关于拍摄片子的初衷,孙宪说:"其实原因很简单,就是出自对鸟类单纯的喜爱。七年零距离地融入黑尾鸥的世界，让我们找回了对生灵应有的尊重和对自然应有的敬畏。生命是平等的，生命都有尊严，哪怕一草一木都应该被尊重，我只是想讲述一个关于生命成长的故事，把看到的鸟世界里的故事讲给更多的人听。"

2011年1月21日，《天赐》在全国公映。坚强的小天赐打动了太多人的心。

带着一个飞翔的梦想，顶着常人无法想象的困难，凭着超过常人的毅力，七年磨一剑，一部温暖生命的电影最终诞生在了三个小人物的手中，创造了电影史上的一个奇迹。他们的故事如同《天赐》一般，同样让人感动、让人敬佩、让人羡慕、更让人尊重。只要坚持，小人物同样也会成就人生大奇迹。

平凡永远不等于平庸，大部分人在职场上都是平凡的，但是从这些平凡人中脱颖而出的成功者却数不胜数。平凡本就不是阻止成功的罪魁祸首，更不是羞于启齿的缺点、软肋。平凡是孕育伟大的土壤，你又有什么理由因为自己的平凡而情绪低落？

何不停下脚步，等一等灵魂，承认并正视自己的平凡，然后在平凡的日子中安守。有多大的脚穿多大的鞋，有多大的能力做多大的事，不好高骛远，也不妄自菲薄；不逞能逞强，也不自暴自弃。认清自己是个凡人，然后再去做自己能做到的，一步一个脚印，假以时日，也能更上一层楼。

平凡，不是甘于平庸、不思进取，是选择合适自己的目标努力奋斗。成功没有统一标准，不是所有人都在同一条赛道上，何来起跑线又何来终点线？如果每一天每一分每一秒，我们都在感受生命带给我们的美好，都走在属于自己的人生轨道上，有爱、有快乐、有希望，平凡一点又如何？

7. 执着≠固执，认死理让情绪走向极端

在我们的生活中有一些这样的人，他们十分要强，有一种"永不服输"的精神，不管做什么事都要让自己做到最好，而如果自己的能力达不到这样的要求，就会寻找各种理由和借口去证明自己依旧是最好的。这样的人本可以生活得幸福美满，然而却由于自己固执的心态而让自己在生活中四处碰壁。

固执的心态，就是我们常说的爱"钻牛角尖"。但是其实爱"钻牛角尖"仅仅是固执心态的一种显像表象，这种不良心态会让你产生十分消极的情绪，从而让你在工作中总是被负面情绪所笼罩。这种不良心态会让你变得极度敏感，对工作中的失败耿耿于怀。固执还会导致你思想行为死板，敏感多疑、心胸狭隘；爱嫉妒，对别人获得成就或荣誉感到紧张不安，妒火中烧，不是寻衅争吵，就是在背后说风凉话，或公开抱怨和指责别人。

相比于很多其他不良心态，固执看起来并不是一种能立刻导致严重消极情绪产生的心态，然而却是一种非常难以进行自我调适的心态，而长期受到这种心态的影响，消极情绪就会不断积累，从而让固执更容易导致严重的情绪问题。固执的人很少有自知之明，对自己的固执持否认态度，即便知道自己坚持的理念有问题，也不认为这是错误的。因此，想要改变这种不良心态，你需要多使用一些"旁敲侧击"的心理调适手段，这往往让你更容易接受。

（1）认知提高法。

如果你十分固执，通常会对别人不信任、敏感多疑，不会接受任何善意忠告。你首先要试着与生活中的其他人建立信任关系，在相互信任的基础上交流情感，向他们全面介绍自己自身存在固执的问题，让他们帮助你控制固执行为，从而使你对自己有正确、客观的认识，并自觉自愿产生要求改变自身固执心态的愿望。这是进一步进行自我心理调适的先决条件。

（2）交友训练法。

鼓励自己积极主动地进行交友活动，在交友中学会信任别人，消除不安感。

交友训练的原则和要领是：

真诚相见，以诚交心。在交友过程中你要采取诚心诚意、肝胆相照的态度积极地交友。要相信大多数人是友好的，可以信赖的，不应该对朋友，尤其是知心朋友存在偏见和不信任态度。必须明确，交友的目的在于克服偏执心理，寻求友谊和帮助，交流思想感情，消除心理障碍。

交往中尽量主动给予知心朋友各种帮助。这有助于以心换心，取得对方的信任和巩固友谊。尤其当别人有困难时，更应鼎力相助，患难见真情，这样才能取得朋友的信赖并增进友谊。

注意在选择交友对象时遵从"心理相客原则"。性格、脾气的相似和一致，有助于心理相容，搞好朋友关系。另外，性别、年龄、职业、文化修养、经济水平、社会地位和兴趣爱好等亦存在"心理相容"的问题。但是最基本的心理相容的条件是思想意识和人生观、价值观的相似和一致，所谓"志同道合"。这是发展合作、巩固友谊的心理基础。

（3）去除自己的非理性观念。

所谓非理性观念，就是你在工作中萌生的一些念头并非经过你的思考而形成，而是完全由情绪所产生的观念。只有纠正你形成观念的过

第四章
给心态"洗洗澡",为情绪"排排毒"

程,你才能够真正逐渐让固执心态产生转变。你需要把已经经过改造和纠正的合理化观念默念一遍,以此来阻止自己的偏激行为。对自己不自觉表现出的偏激行为,事后你应重新分析当时的想法,找出当时的非理性观念,然后加以改造,以防下次再犯。

你还要经常提醒自己不要陷于"敌对心理"的漩涡中。事先自我提醒和警告,处世待人时注意纠正,这样会明显减轻敌意心理和强烈的情绪反应。要懂得只有尊重别人,才能得到别人尊重的基本道理。要学会对那些帮助过你的人说感谢的话,而不要不疼不痒地说一声"谢谢",更不能不理不睬。要学会向你工作中认识的所有人微笑。可能开始时你很不习惯,做得不自然,但必须这样做,而且努力去做好。

(4)坚持不懈地进行自我克制,控制由偏执引起的不良情绪。

在工作中与人接触时,当别人的意见与自己相左时,要抑制自己的情绪,不要与人相争、相辩,而是采取回避的办法,离开现场,使激动的情绪自行平息。在与朋友或同事闲谈或研究工作时,一旦遇到意见分歧要提醒自己虚心、耐心,不要"横推车",强词夺理。即使是不得不表达自己的意见,也要沉着、稳重,力求客观,要以理服人。

固执并非执着,执着能够帮助你坚定地走在通往幸福生活的道路上,而固执却只能让你坚定地走到"死胡同"里,让你不断积累负面情绪。工作本身就会在方方面面让你产生负面情绪,那么就别再在工作中给自己找麻烦。远离固执,让你在职业道路上更洒脱一点,工作中的很多负面情绪也就自然而然地消失了。

8. "冷却"你的愤怒

在工作中,你难免会碰到让你感到愤怒的人或事,愤怒是人与生俱来的一种本能,是自己在感受到威胁或是利益受到伤害时产生的自然反应。然而愤怒却是一种非常危险的情绪,如果不能处理好自己的愤怒情绪,让自己"冷却"下来,那么一方面有可能给自己带来抑郁、焦虑等新的情绪问题,另一方面很有可能让自己做出过激的行为,从而给自己、他人、企业甚至整个社会带来巨大伤害。

不过要想"冷却"自己愤怒的心并不是容易的事情,处理愤怒需要采用一定的心理学技巧,通过扭转导致你愤怒的客观刺激的心态,来从根源上浇灭愤怒之火。

第一,尽量让自己逃离让你愤怒的负面环境。

愤怒不仅在情绪上会让你"小宇宙"爆棚,还会让你生理上产生许多"不可抗力",比如肌肉紧张、头疼、心跳加速、面部涨红和胃肠不适等症状。这些由负面情绪带来的生理反应不可能迅速得到消除,你所要做的首先就是逼迫自己离开导致自己愤怒的环境。冷静需要外在的客观环境条件的支持。

第二,世界没有后悔药吃,发怒之前想想后果。

任何情绪的宣泄必定带来一定程度的回应,当然愤怒也不例外。任何所谓"不计后果"的怒气宣泄在接下来的日子里必定会带来"反弹",本想伤害别人,未曾料到最后反倒伤了自己的例子实在太多太多。

第四章
给心态"洗洗澡",为情绪"排排毒"

第三,己所不欲,勿施于人。

常言道,得饶人处且饶人。自己都不能完成的事情就先别要求别人做了,再者,自己的处事标准未必能和他人达到一致,没有人必须按照你的意志行事,宇宙也不是围绕你转的,所谓的重度"中二病"患者可能要特别注意自己的言行了。

第四,尽量换位思考。

在面红耳赤的时候让你实现"换位思考"的要求恐怕不是那么容易,但是有时候稍微站在对方的角度上思考问题就会让自己置身事外。倒也不是替对方说话,只不过多一些理解,多一些空间,少了许多争执而已。

第五,争执可以自信,但不要具有侵略性甚至人身攻击。

尽量做到在控制情绪的范围内"就事论事",不要上升到人身攻击,任何殃及家人、性的污言秽语只会降低你的谈判资格,最后导致自己的对手甚至围观者都看不起你。

对于很多人而言,愤怒是一种十分常见的情绪,我们有的时候过于愤怒就会让我们的心灵受到冲击,我们的判断就会失去标准,这样对于我们的生活是有很大的影响的。所以我们就应该注意学会控制自己的情绪。

第六,给自己找到一个不该生气的理由。

当你发现自己的心态变得焦躁、愤怒的时候,不妨给自己找一个不值得生气的理由,或是用自己体验的美好时刻、拥有的美好事物来说服自己没有必要生气,这样愤怒的情绪就会得到缓解。

员工情绪自我控制的方法与技巧

在古老的西藏,有一个叫爱地巴的人,每次生气和人起争执的时候,就以很快的速度跑回家去,绕着自己的房子和土地跑3圈,然后坐在田地边喘气。爱地巴工作非常努力,他的房子越来越大,土地也越来越广,但不管房子和土地有多大,只要与人争论生气,他还是会绕着房子和土地跑3圈,爱地巴为何每次生气都绕着房子和土地跑3圈?所有认识他的人,心里都起疑惑,但是不管怎么问他,爱地巴都不愿意说明。

直到有一天,爱地巴很老了,他的房子和土地已经很大了,他生气,拄着拐杖艰难地绕着土地跟房子,等他好不容易走3圈,太阳都下山了,爱地巴独自坐在田边喘气。他的孙子在身边恳求他:"阿公,您已经年纪大,这附近地区也没有人的房子和土地比您更大,您不能再像从前,一生气就绕着房子和土地跑啊!您可不可以告诉我这个秘密,为什么您一生气就要绕着房子和土地跑上3圈?"

爱地巴禁不起孙子恳求,终于说出隐藏在心中多年的秘密,他说:"年轻时,我若和人吵架、争论、生气,就绕着房子和土地跑3圈,边跑边想,我的房子这么小,土地这么小,我哪有时间,哪有资格去跟人家生气?一想到这里,气就消了,于是就把所有时间都用来努力工作。"孙子问道:"阿公,你年纪大了,又变成最富有的人,为什么还要绕着房子和土地跑?"爱地巴笑着说:"我现在还是会生气,生气时绕着房子和土地走3圈,边走边想,我的房子这么大,土地这么多,我又何必跟人计较?一想到这,气就消了。"

爱地巴用自己所拥有的一种象征物来从外部突破导致愤怒的心态怪

圈,让自己很快就能够摆脱愤怒情绪的控制,这确实是一种十分智慧的做法,身在职场的你在面对愤怒情绪时也完全可以采用这样的方式来处理。

俗话说:冲动是魔鬼。愤怒情绪会让你完全失去对行为的控制和对事物的理性判断,从而导致严重的后果。当你感到怒不可遏时,一定要及时对自己的内心进行"冷却",尽快浇灭自己的愤怒之火。只有这样,你才能够在摆脱愤怒情绪的情况下做出最正确、理性的判断,约束自己的行为。

9. "暴露疗法"克服恐惧

在职场道路上,有着许多未知和充满威胁的事情,也随时会面对一些未知的结果,而每每此时你可能就会感受到害怕,其实这正是你产生了恐惧的情绪所导致的。

对未知事物和威胁的恐惧是人与生俱来的本能,是人类得以生存和延续的重要情绪之一。只有拥有恐惧这种情绪,你才能够主动去避免一些能够对自己造成伤害的事物,才能够让自己远离危险。然而恐惧这种情绪并不只有在你真正可能受到威胁时才产生,有时由于你心态上的偏差和心理上的一些缺陷问题也会导致恐惧情绪的产生。而由于这种原因导致的恐惧通常都会给你带来消极的影响,是你应该努力去克服的负面情绪。

十年前,他在一家不太景气的国企上班,每月只有几百块

员工情绪自我控制的方法与技巧

钱的工资,即便省吃俭用,日子依然过得捉襟见肘。数年来,他们一家三口就局促在一间不足十五平方米的单身宿舍里,除了一台25寸的彩色电视机外,家里几乎找不到一件值钱的东西。

面对这样的困境,他也曾抱怨过,也曾想过另谋他路。可是,一想到不可预知的未来,他就感到莫名的恐惧,于是退缩了。毕竟现在还勉强过得去,并且单位买了"五险一金",将来老了有一份保障。而自己除了做车工,又能干什么呢?弄不好,连一家人的温饱都无法保证。左右掂量,他还是觉得维持现状比较好。

然而,天不遂人愿,就是这样一个小小的梦想也无法实现。2001年,由于企业经营不善,亏损十分严重,单位不得不裁减人员,以缓解眼前的危机。不幸的是,他被列在了第一批下岗人员的名单中。下岗,这对一个上有老下有小的人来说,无异于晴天霹雳。由于害怕失去这份工作,恐惧面对将要到来的未知前路,他拿出仅有的一点积蓄,买了两瓶好酒,一条好烟,来到领导的家里。他苦苦地哀求领导,希望领导能体恤一下他的困难,并将他留下来。领导听后,无可奈何地说,他也没办法,如果不裁员,厂子就保不住。最终,他好话说尽,但还是没能保住这个工作岗位。

那天,他失魂落魄地回到家里,仿佛天塌下来一般,恐惧让他绝望到了极点。他不敢想象失去唯一的生活能源后,以后的日子会是怎样一种凄惨的光景。那段时间,他感到恐惧压得自己喘不过气来,不知道未来的路在何方。然而在恐惧之中他突然意识到,日子还得继续过下去。他只能面对现实,必须克服心中的恐惧寻找其他出路。没过多久,他和妻子背上行囊,

第四章
给心态"洗洗澡",为情绪"排排毒"

去了广东打工。

　　让人意想不到的是,十年后,昔日走投无路的下岗工人,不仅解决了温饱问题,还有了豪华别墅、高档轿车。如今,他已是一个集团公司的老总,旗下拥有五家企业,资产达到数十亿元。每每忆及往事,他总是感慨万千,如果不是当初他经历过了克服恐惧的过程,恐怕现在还是一个碌碌无为的技术工人,过着充满牢骚与抱怨的生活。

　　恐惧是一种很微妙的情绪,如果你无法克服恐惧情绪的束缚,那么你将变得畏首畏尾不敢向前,而倘若你克服了恐惧,它将使你的内心变得无比强大。而能否克服恐惧的关键就在于当你在遇到未知的事物时能否调整好自己的心态,能不能促使自己迈出直面恐惧的第一步。当你去直面导致自己恐惧的事情时你就会发现,原来你已经克服了这种情绪。

　　当然,恐惧这种几乎等同于"条件反射"的情绪并不那么容易战胜,你可能需要一种特殊心理疗法的帮助,让自己去主动体会恐惧并感受战胜恐惧的过程,这有助于你在实际工作中控制自己的恐惧情绪。

　　在很多情况下,调节一般的情绪问题都会使用一种相对温和的脱敏方法,改变引起某些负面情绪的认知,从而让负面情绪不会产生。然而对于恐惧这种近乎于本能的情绪反应来说,脱敏疗法却有些过于"保守",很难达到良好的效果,而"暴露疗法"则突破了传统心理干预方法的"瓶颈",能够在短时间内起到意想不到的效果。暴露疗法与传统的系统脱敏疗法正好相反。它不需要进行任何放松训练,而一下子呈现最强烈的恐怖、焦虑刺激(冲击)或一下子呈现大量的恐怖、焦虑刺激,以迅速校正你对困难及挑战带来的恐怖、焦虑刺激的错误心态,并消除由这种刺激引发的情绪反应,故也称为冲击疗法或泛滥疗法。

　　当然,从上面的阐述中我们也不难看出,"暴露疗法"是一种相对比较"激进"的心理调适方法，因此在使用时也必须遵循严格的方法，否则只能适得其反。

（1）"暴露疗法"的调适过程。

调适一开始就让自己进入最能让自己恐惧的情境中，多为最不愿遇到的困难或是挑战。一般采用想象的方式，鼓励自己想象最使他恐惧的场面，或者反复地甚至不厌其烦地想象自己最感害怕的情景中的细节，或者用观看视频、重回感到恐惧的场景等再现情景的方式使自己身处恐惧的情景，以加深自己的焦虑程度，同时不允许自己采取任何回避措施。在反复的恐惧刺激下，使自己因焦虑紧张而出现心跳加剧、呼吸困难、面色发白、四肢发冷等植物神经系统反应。然而在这之后，你要让自己感受到最担心的可怕灾难并没有发生，焦虑反应也就相应地消退了。或者直接把自己带入最害怕的情境，经过重新实际体验，觉得也没有什么了不起，慢慢地就不怕了，自然也就会让恐惧情绪反应逐渐消失。

（2）"暴露疗法"在调适回避型员工时必须遵循的原则。

①严格控制疗程时间。这种疗法虽然所用时间短，解决问题比较干脆，但对人的身心冲击较大，故须谨慎使用，在使用前务必要对自己的心理状态以及心理承受能力进行合理分析，确定"暴露疗法"的强度和持续时间，方能在控制恐惧情绪的同时不对自己身心产生过大负担。一般来说，"暴露疗法"的持续时间应控制在3～6个月，而每次调适要间隔2～5日作为心理缓冲期。

②疗程强度要依照循序渐进的原则。恐惧是每个人心里对客观刺激的一种本能反应，而为了不让这种本能反应给你的身心造成过重负担，从开始尝试"暴露疗法"选择外部刺激方式时，就应当遵循循序渐进的原则。一开始先使用强度较弱或是频率较低的外部刺激模式，慢慢加大刺激强度、缩短间隔时间，从而让你的内心能有一个适应的过程，以减少自己的心理负担。

③不见成效，果断放弃。"暴露疗法"虽然是一种能够帮助你克服恐惧的有效手段，然而也需要根据实际情况分析使用，并不是在任何情况下都能够依靠"暴露疗法"让你完全消除恐惧情绪。同时，"暴露疗法"又是一种风险较大的心理调适方法，因此一旦发现经过1~2个月的调适仍不见成效，或是给自己已经造成了较大的心理压力，则应当立刻选择放弃，采取传统的系统脱敏疗法慢慢进行。

"暴露疗法"常被用来治疗焦虑症和恐惧症，其实它对帮助你克服恐惧情绪也有着很重要的意义。但在具体运用时，还要考虑自己的心理承受能力、受暗示程度、恐惧情绪的强弱和身体状况等多种因素。对体质虚弱、有心脏病、高血压和承受力弱的人来说，不能应用此法，以免发生意外。

10. 理性看待"差距"，让嫉妒心无处滋生

嫉妒是心灵的毒药。不少职场中的职场人有着这样一个习惯，总是与其他人进行比较。在工作中比业绩，在生活中比地位、财富、容貌，并且在比较的过程中永远不甘心落后于他人，即便明知自己不如对方也要通过"打肿脸充胖子"的方式在表面上更胜一筹。

不可否认，比较是每个人不断进步的绝佳动力之一，然而如果这种比较是不恰当的就会成为攀比，而攀比是导致很多负面情绪产生的罪魁祸首之一。攀比会让你以狭隘的目光盲目地去与别人"争斗"，不能接受他人的优势，更不能接受自己的劣势，从而带来憎恨、愤怒、痛苦等多种负面情绪。

员工情绪自我控制的方法与技巧

在一座城市里有一个叫比尔兰德的人。一次,比尔兰德的邻居王大妈家盖了一幢非常漂亮的小洋楼。比尔兰德见了,心想,哼,以为就你们家有钱盖房子吗?明天我就拆房盖小别墅。

第二天,比尔兰德真的就把那幢 50 年的老楼房给拆了,还找来了施工队,让给盖五层楼的别墅,施工队的负责人见他穿的一身的土衣服,上面还挂着补丁,就不肯给他盖,气得比尔兰德破口大骂,还拿着锄头把施工队的人给赶走了。这下可好了,自己的房子给拆了,现在没地方住了。最后只能在邻居的新房旁边搭了一个草棚住。

几年后,比尔兰德已经 55 岁了,按说平常人到了这个年龄早已经坐在家里享清福了。但我们的比尔兰德却还是光棍一个,为什么呢?这是有原因的。其实在比尔兰德 22 岁的时候就是他那个邻居王大妈给他介绍了一个姑娘,俩人还好了好长的一段时间,至于为什么吹了,这就得从比尔兰德的那一次和别人的"攀比"说起,这一次比尔兰德比掉了自己的媳妇。

那一天,村里有名的光棍赵光找他,说他没本事像自己一样,一辈子打光棍,比尔兰德听后就叫来了自己的女朋友,说"你走吧,我不要你了,我要一辈子打

光棍。"从此以后就没有姑娘愿意和比尔兰德好了。

比尔兰德最后一次的攀比是他的死,他只活了 60 岁,有人说他是自杀的,因为有位老人说了自己会比比尔兰德先死。比尔兰德听后就到村里的杂货铺买了两包灭鼠灵和一瓶敌敌畏。回家后就着敌敌畏把老鼠药给吃下去了,像吃糖一样,完后就

第四章
给心态"洗洗澡",为情绪"排排毒"

倒了。他还给那位老人留了一句话:"我终于比你先死了。"

故事总是有夸张的成分,也许在你的实际工作中的攀比虽然会导致消极情绪,但并不会让你做出如此极端的事情。然而如果你总是与他人攀比,依旧会因此而承受比别人更多的负能量,生活和工作自然也就不会更顺利。

而造成你脱离正常的人与人之间的比较而进行攀比的,主要是你没有用一个健康的心态去与他人进行"比较",不知道怎样的比较方式才是适度的、恰当的,如何去比较才能够让自己实现进步而非陷入攀比的陷阱。

(1)通过自我暗示,增强自己的心理承受能力。

自我暗示是指通过对个体预期目标积极的叙述,实现头脑中坚定而持久的积极认知,摆脱陈旧的、否定性的消极思维模式。自我暗示是一种强有力的心理调节技巧,可以在短时间内改变一个人的心态和对事情的看法,增强个体的心理承受能力。具体表现为带有鼓励性质的语言、符号以及动作。比如,当你看到别人比自己好时,在心中默念"其实我也很好"之类的语句,久而久之,那种在不良心态下进行的比较就会减少,因此而导致的情绪问题就会有所改善。

(2)尽可能地纵向比较,减少盲目的横向比较。

比较分为纵向比较和横向比较。纵向比较是指个体和自己的昨天比较,找到长期的发展变化,以进步的心态鼓励自己,从而建立希望体系,帮助个体树立坚定的信心。横向比较是指个体与周围其他人的比较,有助于找到自己的不足,以便朝着更好的方向发展。但是由于竞争的日益激烈,人们往往会陷入横向比较的误区,忽略了纵向比较。纵向比较会让你有更清醒的自我认识,能够让你通过超越自己而获得提升。相反,如果总是进行横向比较,你就容易陷入攀比的不良心理中,在比较后也更容易产生较多负面情绪，毕竟在这个世界上总是会有比你更"好"的人。

（3）增强自身实力，克服负性攀比。

负性攀比的产生往往是因为个体自身的实力与期望值达不到均衡水平，导致自信心的缺失，从而产生抱怨、憎恨等情绪，进而任何事都要与他人争个高低以证明自己的价值，满足自己的虚荣心。因此，你应该不断强化自身的实力，通过提升自身实力来做好工作和生活中更多的事情进而建立更强自信。当你有了较强的自信心就无需通过与人进行不恰当的比较来满足自己的自尊心，自然也就不会去与他人攀比。

每朵花都有它的芬芳，每个人都有他的特长。你应该学会多看看自己，少羡慕他人。你可以与比自己更强的人进行比较，但是目的是给自己的进步提供动力，而不是满足自己那小小的虚荣心。

当你在生活中羡慕他人时不要忘了，也许你本身也是很多人羡慕的对象。每个人都有自己的闪光点，没有必要去与他人进行盲目的攀比。不要再去做那些无意义的较量，这只会让你被负面情绪俘获。

11."选择性失忆"，把自己从沮丧中"拔"从来

我想每个职场人都会有也必须有一个认识，那就是——职场道路上，不可能所有的事情都尽如人意。如果你经常为许多原本应该淡忘、不值一提或者可以忽略的小事难过、怄气，那只会给自己带来更多负面情绪。人生在世，不过短短数十载，很多事就如同过往云烟一样短暂，只有你能够做到以健康成熟的态度去看待工作中的种种不如意，你才能

将自己从这种不如意所造成的沮丧情绪中"拔"出来,让自己感受到"重获新生"的积极情绪体验。

心态如能放轻松,自然就会快乐许多。可是偏偏很多人以太过严肃的态度去看待自己的经历,往往为了某些鸡毛蒜皮的小事,不是耿耿于怀便是过度沮丧,等到这种突如其来的负面情绪过后,才又懊恼悔不当初。其实要知道,经历失败、不如意是每个人职场生涯的必经过程,当失去或失败时,悲伤和沮丧乃正常的反应。可是,人们却总是极尽希望自己能避免这些不愉快的感觉,结果反而更倍觉挫败与无力,沮丧的情绪便因之更加根深蒂固。

其实要想把自己从沮丧情绪中"拔"出来,你就绝不能让自己有"瞎想"的空间,不要让自己总是沉浸在对之前发生的事情反复回忆上。而要想避免这种情况,你就需要在实际中采取一些小手段,来让自己"分心"。

把自己从沮丧中"拔"从来

(1)多吃点好的。

情绪沮丧,胃口也会受影响,有的陷入厌食,有的就沦为吃货。如果真到了这一步,你就该格外注意身体的问题了。要知道,良好的饮食结构和进食节奏对人的心情和精力也有很大影响力。所以,一定要让自己保持规律饮食,多吃水果和蔬菜,即便你觉得没有胃口,也要尽量选择一些自己非常喜欢甚至是平时不舍得吃的"高档食物",让进食帮助你获得满足感和快乐。当然,如果你发现自己在暴饮暴食,那么就应该有意识地克制,可以选择吃一些很容易就饱或是"腻"的食物,让不良进食体验来阻止你暴饮暴食的行为。

(2)转移注意力,但不要老想着它们。

试着发现造成沮丧的情境。当弄清楚了是什么导致自己沮丧以及为什么后，和一个真正关心你的朋友谈谈。倾诉可以释放情绪，获得理解。如果无人倾诉，在日记里敞开心扉也不失为一个好办法。一旦排遣了这些不良的想法和感觉，转移注意力到积极的事情上。从沮丧中走出来的最好方法就是立即采取行动解决问题。如果需要，寻求帮助。感受朋友和家庭的关爱有助于缓解沮丧。

（3）平时多多表现自己。

人一沮丧，创造力就会受阻，生活也会变得无趣。所以，当你发现自己深陷沮丧情绪的包围时，鼓励自己多动用一下想象力，多在工作中想办法表现自己。你不光要让想象力动起来，还得试着让心情放松。找朋友或者宠物消磨消磨时间，或者就自娱自乐也未尝不可。再给自己找点好玩的东西——比如一部喜剧片，通过外部刺激来引发自己的快乐情绪，从而冲淡沮丧。

（4）多看好的方面。

沮丧影响人的想法，使一切看起来阴沉、消极、无望。如果沮丧使你消极看待一切，努力去发现工作中的美好。先想到一件事，然后去发现更多。想想你的优点、天赋和在职业生涯里十分走运的事情，这样有助于建立自己的信心，让你相信自己能够在未来迎来更好的局面并把握住机会，有了这种心态自然也就不会再徘徊在沮丧之中了。

在一个人的职业生涯里，有得意就有失意，有成功就有失败，有高光时刻就有灰色阶段。在不尽如人意的时候，早些把自己从沮丧情绪中"拔"出来，你就有可能更快地迎来下一次成功。

学用心理暗示,"制造"积极情绪

如果你每天都对自己说自己很快乐,你就真的会很快乐。心理暗示是调节情绪的重要方法,掌握它你就能够随时随地地自己"制造"积极情绪,让自己在工作中充满动力,在对抗消极情绪时也更容易取胜。

1. 心理暗示的巨大力量

自我暗示是人类独有的心理活动，自我暗示直接影响人们的言论和行为。自我心理暗示其实无处不在，比如当你在工作中遇到挑战时，可能总会说："我能行！"这样的话更多时候不是说给别人听的而是对自己说的，这种积极正向的自我暗示往往能够帮助个体完成一项比较困难的任务。相反，如果一个人在未做之前就产生了怯弱，往往会对自己说"怎么办？我不行的，真的不行！"结果几乎90%的真的不行，以失败告终。自我暗示的力量很强大，所以正确使用自我暗示可以影响和改变你当时的情绪，让你有能力自己"制造"出积极的情绪来。

情绪是由心理状态产生的，是可以用自我暗示诱导来进行控制的。积极的心理暗示能够让你产生成功心理、积极心态等积极的自我意识，这些积极的自我意识就会帮助你将一些可能产生的消极情绪转变成积极情绪，从而给你带来好的影响。反之也一样，消极心理暗示会导致消极心态、负面心理，从而产生很多不必要的消极情绪，甚至让本身积极的情绪都转变成消极情绪。

如果你还是不相信心理暗示的巨大作用，那么不妨看看这几个心理暗示应用的实例，看看它究竟能产生多么大的能量。

心理暗示能够治疗疾病。

国外有一种治疗癌症的独特心理治疗法，称作"内视想象疗法"。这种心理治疗方法，是让病人想象自己的白血球正在不断地击败入侵的癌细胞，有的患者靠这种方法使病情得到控制。这实际上是一种自我暗示疗法。这种自我暗示疗法被广泛应用。一些人到医院看病，听到别的病人讲，某某医生医术高，治他患的这种病特别有办法。碰巧他挂到了这位医生的号，于是就想，我真幸运，看来这个病很快就会好了。这种自我暗示和医生的治疗、服药一道发挥作用。

自我暗示应用于运动员的自我训练中。

运动员往往由于比赛前与比赛中的不良心理因素，如怯场、紧张等，而不能很好地临场发挥。因此，对运动员进行自我调节的自我控制训练，对于帮助运动员在比赛中充分发挥自己的技能有重要意义，这种自我控制训练，采取的一个重要方法是自我暗示训练。这种自我暗示能够达到自我调节的作用，可以自我控制思考的内容，引起积极的情绪，消除紧张、慌乱的情绪，使运动员进入最佳的竞技状态。

英国女作家阿茹玛·克皮克玛在她的作品中写到过一个情绪致死的故事：少女爱丽丝轻率地嫁给了一个有劣迹的名叫马尔丁的人。婚后，她偶然发现丈夫曾多次谋杀前妻。爱丽丝不寒而栗，并为自己的命运担忧。有一天，马尔丁邀爱丽丝到地下室去。她预感此去凶多吉少，但极力掩饰内心的惊慌，给丈夫倒了一杯咖啡，马尔丁一饮而尽。这时爱丽丝有意镇定地说："我告诉你一件重要的事，我们生活在一起好几个月了，但你一点也不了解我。其实，我已经结过两次婚了……"马尔丁感到惊诧，并想知道全部真相。爱丽丝接着说："我在咖啡里投毒害死了第一个丈夫，第二个丈夫也是被我用同样的办法送上西天的。"马尔丁听后一下就瘫软在沙发上，喃喃地说："怪不得我觉得咖啡里有一股怪味呢……"不到5分钟，马尔丁真的一命归天。然而，爱丽丝根本就没有投毒，只是想吓唬一下凶恶的丈夫，而马尔丁真的被吓死了。

现在你应该已经了解到心理暗示的巨大能量了吧，它甚至能够左右人的生死。心理暗示有积极的一面和消极的一面，不同的心理暗示必然会有不同的选择与行为，而不同的选择与行为必然会有不同的结果。有人曾说："一切的成就，一切的财富，都始于一个意念。"还可以再说得浅显、全面一些：你习惯于在心理上进行什么样的自我暗示，就是你贫与富、成与败的根本原因。因此你一定要始终提醒自己，发展积极心态、走向成功的主要途径是：坚持在心理上进行积极的自我暗示，让积极的自我暗示来帮助你获得积极心理因素，从而带来更多积极情绪助你走向成功。

2. 告诉你自己"我能行"

既然我们已经知道了积极自我心理暗示对一个人在职场中获得成功有着巨大帮助，那么你当然也应该尝试使用这样的自我暗示。自我暗示需要一定的技巧，也需要循序渐进、从易到难，那么不妨就从对自己进行鼓励开始。

自我鼓励是最简单的一种积极自我心理暗示，但是简单并不代表着它的作用不明显。自我鼓励对于帮助你战胜困难获得成功有着极其重要的作用，它能够让你保持自信，让你鼓起勇气，这是获得成功的两大重要心理因素，也是获得积极情绪的重要来源。

第五章
学用心理暗示,"制造"积极情绪

1982年,史蒂文·卡拉汉独自一人驾着帆船穿越大西洋,途中小船不知撞上什么东西沉没了。他偏离了航道,在救生筏里孤零零地漂浮着。供给所剩无几,生存机会渺茫。然而当三个渔民在76天之后发现他时,他竟然还活着(海难之后仅靠救生筏存活时间最长的人)——只是比出发时枯瘦了许多,但还活着。

对于自己是如何生存下来的,他的描述引人入胜。其中,关于他那些机智的小创造的故事——如何捕鱼,如何装置太阳能蒸馏器(蒸发海水以获取淡水)——真是妙趣横生。

但让人最感兴趣的还是在他感到彻底绝望的时候,在继续抗争显得毫无意义的时候,在极度痛苦折磨着他的时候,他是如何坚持活下来的。救生筏被扎破了,他拖着虚弱的身体用了一周多的时间去修理,但它仍然漏气,于是他耗尽了所有的力气去吹气。他饥饿难耐,深度脱水,体力透支。放弃似乎是唯一明智的选择。

能在这种恶劣环境中幸存下来,靠的是来自内心的勇气。在类似的绝境当中,许多人会屈服、会抓狂。而幸存者思想中的某种东西却能使他们鼓起勇气坚持下去。无论面对多么恶劣的境遇。

"我告诉自己我能行,"卡拉汉在自述中写道,"比起别人的遭遇,我算是幸运的。我一遍又一遍地对自己这样讲,好让自己坚强起来。"

是积极的自我心理暗示救了卡拉汉，也让人们又一次意识到了积极暗示所带来的超强意志力能够给一个人带来多大的能量，这能量能够让人创造超乎想象的"神迹"。对于你来说，在职场里也许并不会碰到如此危机的情况，但是当你面对一些失败、困难的时候，同样也可以使用这样的自我鼓励来减少负面情绪的产生，让自己在正向情绪的影响下更好地克服困难、走出失败的阴影。

（1）你需要在自我鼓励前给自己找到一个理由作为心理支点。

其实你总是说自己做不到，不相信自己，总是做出消极自我暗示而无法完成自我鼓励，主要是缺少一个理由也就是心理支点，来说服自己能做到、能成功。给自己一个在工作中积极向上的理由，你的职业道路就会越走越宽。

责任就是一个很好的心理支点。每一个人，都在这世界上扮演着某一份角色。或是做人子女，或是为人父母等。仔仔细细地想一下，你是否负起了自己的责任。要告诉自己成功不是你想不想，也绝不是你要不要，而是你必须做的。为了责任，去努力，去奋斗，直达成功。当你找到一个这样的心理支点，你就会发现给你自己进行自我鼓励并不是什么难事。

（2）只和自己去比，做好你自己。

人在这个社会上生活，只能和自己去比。因为如果你和比尔·盖茨和李嘉诚比，你肯定是一个失败者，其实这就等于在给自己进行消极暗示。而如果你尝试去和过去的自己相比，那么你会发现其实你一直在进步，这不就是一种成功么。由此可见，一个人活着，就是要做好你自己。每天进步一点点，哪怕是1%。你一年就会成长3.65倍。如果你总是以他人的成绩来衡量自己，你终生也不过只是一个"追逐者"。在心中告诉自己，奔驰的骏马尽管在开始的时候总是呼啸在前，但最终抵达目的地的，却往往是充满耐心和毅力的骆驼。

只要你不断进取，不断努力，不断通过自我鼓励发挥你的潜能，你就一定能够活出一个最精彩的自己。成功者之所以会成功，自然有着许多方面的原因。但其中很重要的原因之一，就是因为他们坚定地认为：我能，我可以。

3. 职场中的你离不开"阿Q精神"

鲁迅笔下的阿Q这一形象相信很多人都记忆深刻，阿Q的精神胜利法在鲁迅讽刺的文笔下成为不少人心中的"反面典型"。然而阿Q精神就真的百害而无一利，真的没有翻身的机会了么？其实不然。

固然，阿Q精神的实质是妥协，是放弃，但其妥协放弃的前提是因为对自己有一个正确的认识和评价，于是也就消除了不必要的烦恼，学会了自我减压，消灭了心理上产生消极情绪的很多根源，起到了保持心理平衡的积极作用。这一点，是毫无疑问的。

不可否认，现代社会还是需要阿Q精神、需要精神胜利法的。虽然阿Q历来被国人所不齿——自欺欺人，打肿脸装胖子，大家怒其不争，哀其不幸。好像鲁迅先生的本意也是这样。但当它的内涵范围扩大后，你却惊人地发现很多人的身上竟或多或少地都存在一些这样的元素，尤其是一些成功人士。不过毕竟成功人士的形象是需要维护的，于是阿Q精神就有了一个更美好的名字，叫作孔雀精神。

然而其实孔雀精神是一种更阿Q的阿Q精神。孔雀整天只想着向外界炫耀自己的美丽，渴望着开屏那一瞬间展示自己的魅力，就连老了，到那身值得炫耀的毛都掉光了，还念念不忘时时张开那光秃秃的像棕叶架一样的尾巴。你也可能会因为一件小事，让你的一天都在无形之中充满着阳光，保持着上进的心态，积极地去面对工作，充满正面情绪，不会感到疲惫，取而代之的是活力与动力。

在一个学校里有这样一位学生，学习懒惰，贪玩，喜欢表现自己，在人群中唯我是尊，但他在班上的名声是很糟的，大家都不愿与他为伍，见到他就躲开，他却认为别人是在尊敬他，是在对他示好。当他睡觉时老师示意他打起精神，他却说他是在闭目思考问题，不闭上眼睛就会看见别人，精力会不集中，结果就是问题解决不了。老师问他为什么不提出大家一起解决时，他却说是为了不占用别人的时间。当上课铃声响过了，他慢吞吞地走到门边，像军营里的士兵高高举起"左手"向首长大声地喊"报告"，声音响遍整个校园，引得全班同学一阵哄堂大笑，老师说："你的手举错了"。他却振振有词地说："我是在温习小品中的潘长江。"紧接着老师问他为什么不和大家一起回教室，他说："我在操场上调节自己的情绪，活动活动筋骨呢，我是在为上课做准备呀！况且我还能听见你们上课的声音。"他这不是像阿Q一样在自圆其说吗？

然而让谁都没有想到的是，在毕业多年以后，这个曾经校园里的笑柄却成为同学之中混得最成功的一个人。在同学聚会时大家都对他的经历十分感兴趣，认为他一定是在哪个时期实现了蜕变。然而他面对同学的疑问只是淡淡地回答："因为我始终都没有给自己找罪受，我会在不高兴的时候让自己进入自己编织的世界里，因此我始终积极向上，就这么稀里糊涂地成功了。"

第五章
学用心理暗示，"制造"积极情绪

其实没有哪个人的成功是稀里糊涂的，看似愚蠢的阿Q精神，如果使用得当往往是充满智慧的选择。在大部分国人的心中，阿Q是个既可怜又可憎的流浪汉。其实阿Q也有上进的一面，他喜欢争强斗胜，他有着"宏伟"的远大理想，并且在遭遇现实的打击时依旧保持乐观的心态。其实，阿Q精神与心理学中的"酸葡萄"效应有异曲同工之妙。酸葡萄效应说：狐狸吃不到葡萄架上的葡萄，就抿抿嘴说葡萄是酸的，没什么好吃的。这实际上是一种自我心理暗示，也是自我安慰，能起到调节情绪的作用。

当然，阿Q精神是不能乱用的，毕竟这是一种不太"正常"的心态，你应该尽可能去其糟粕、取其精华，将阿Q精神中那些可取的地方提炼出来，用作你对自己情绪进行控制和调节的手段。

（1）用阿Q精神来实现自我安慰，避免自己成为一个牢骚不断的人。

见过很多工作时间很长的同事、同学、朋友，大家都有一个感想就是可以适当地发发牢骚，不能天天发牢骚，可以适当地倒倒苦水，不能天天倒苦水，这样的话，不说自己受不了，身边的人也受不了。试想，谁愿意天天在一个牢骚多多、苦水多多的人身边工作？如果多待一会儿，很晴朗的心情也会感染到阴郁。

当你发现自己已经忍不住要发牢骚的时候，不妨试试用阿Q精神来安慰自己，让自己一下子进入到愉悦的状态里，这样就能让自己暂时忘掉那些牢骚。这其实是为你的内心争取了缓冲时间，等到过一会儿也许你就看明白了很多事情，牢骚也就自然消失了。

（2）用阿Q精神帮助自己摆正自己的心态，从而避免由不良心态引起的消极情绪产生。

有的人老觉得先进什么的轮不到自己,可能这当中确实存在着不公正的现象,可是当你因此出现了消极心态,当你抱着一颗沮丧的心工作的时候,你怎么能指望那些好的机遇会找到自己的头上?其实有些时候你只要能把名和利看得稍微淡一点,学学鲁迅先生笔下的阿Q,阿Q一无所有,因为无知所以快乐,就会让自己的情绪转变很多。一个人在工作中的心态很重要,先不说心情不爽带来的负面情绪,它对你行为的影响也会让你在人际关系的很多方面出现问题,从而带来更大的情绪问题。试想,你的同事是否愿意天天看着一张苦瓜脸,难不成还得和你一同浸泡在苦水中等着太阳从西边出来?这世间任何一个人,只要愿意活得快乐的,谁都愿意同阳光型的人在一起,不快乐的也能感染到快乐,不高兴的也能感染到高兴。

一直以来,人们对于阿Q精神的认识和态度有些褒贬不一,正如一杯水,在处于同样状态下的两个人来说,由于观念不同,看法也就不一样,一个人认为我这么渴,只有一杯水有什么用,不是杯水车薪吗?而另一个人则认为,终于有一杯水了,我一定要珍惜这杯水,让它发挥最大的效力。又如,山崖上的一棵松,有人认为它是一棵可怜松,而也有人认为它勇敢,能在恶劣的环境下顽强地生长。这些都是意识形态里的见仁见智罢了。所以,人们会对阿Q精神的认识不一,因此所起到的作用也就不一样。

但不管怎样,在当今这个节奏快、压力较大的社会,对于阿Q精神,你应该有一种新的诠释,把它变为一种积极而有益的东西,因此,不妨把它视为一种维持心理平衡的方式,那么,将对你控制情绪起到一定的平和作用。

你要坚信:山重水复疑无路,柳暗花明又一村。霉运过去,好运自来。俗话说:一根田坎,三节烂。要相信很少有一生都平坦顺利的人。

第五章
学用心理暗示，"制造"积极情绪

也许，一个人会在年轻的时候劫难多多，可老来时却幸福多多；也许，一个人会在年轻时一路顺畅，老来时可能会遭遇灾难与不幸。人生总有发难的时候，难在何时，任何一个人都是无法预先知道的，你只有依靠自身的精神力量去战胜。对于这些，虽说似乎带有一定的阿Q色彩，然而你却需要这种阿Q的精神。因为自己的安慰与鼓励，胜过他人的安慰与鼓励，因为外因通过内因而起作用，内因才是决定自己的重要因素。与其沉浸在痛苦中，你倒不妨自我安慰一下，让自己相信，走出低谷，光明即会敞开，风雨之后必有彩虹。

社会发展到今天，温饱问题已经基本解决了，小康生活已大踏步地向我们走来，幸福的人生、快乐的人生成了你的追求，人生的目标是永远没有止境的。在这种情况下，你更需要追求自己快乐的人生。但我们在追求的过程中，沟壑纵横，暗礁伶俐，并非万事都能如愿以偿，其间必定会凝聚着不少的艰辛或失败，激荡着无数的烦忧与苦闷，甚至于头破血流，输得很惨。这些，除了用你自身的坚强和意志战胜，有时还需学一学阿Q的精神，自我安慰，带点妥协，学会放弃，调和心情，平稳而渡，那才是很有益的事情。

人生是短暂的，如何使自己的人生成为快乐的人生、幸福的人生，这是每个人都乐意追求的事情。幸福快乐是一种感觉，感觉又是一种意识范畴，同一件事情，不同的人有不同的看法，而不同的看法和不同的想法，又会引起不同的心情。情绪积极，自然就会快乐，吃糠甜如蜜；情绪不好，吃蜜也如糠。

现在社会的潜规则太多，走后门、托关系，物价上涨而工资不涨，房价高到超过了购买的能力，年轻人就业难，贫富不均等问题，都含着很多的不平和不如意，如果你抱着愤怒的态度，攀比虚荣、悲观失望，或者怨天尤人，那你就会让自己始终被负面情绪包裹，永远难以让自己提起劲儿来向前走。

一个人要有适应的态度，也许你无法改变周围的环境，但你可以改变自己的心态，改变对生活的态度。一个人只要能在底线之内，用好用活阿Q的精神，又有什么不好呢？

4. 想象成功后的自己

如果说阿Q精神是一种自我安慰，那么你可能觉得用它来调节情绪确实有些"低端"，其实相比于阿Q精神这样用想象来进行自我安慰的方法，确实还有看起来更"高端"的方式，那就是通过想象成功后的场景来对自己进行激励。

每个人都渴望站在成功的"领奖台"上接受他人的掌声，这种经历对于增强自信、增加继续努力的动力、增强追求成功的内驱力都有着重要作用。虽然说人不能活在想象中，但是有时候想象一下成功后的自己，确实是一种积极的心理暗示，让你为之振奋。

拳王阿里在一场争夺重量级冠军的决赛中，前12个回合一直被对手压制，被打得很惨，他的眼角裂了，鼻孔流出了鲜血，观众都认为阿里输定了。他的教练在休息时问他："要不要放弃比赛？"阿里说："这样的问题你应该在拳赛结束后再问我。"

在短暂的休息中，他反复想象着自己打倒对手时候的情景，想象千万人为自己欢呼的情景，口中念念有词，不断告诉自己："我最强。"

第五章
学用心理暗示,"制造"积极情绪

奇迹在第 13 个回合发生了,阿里又恢复了拳王的气势,把对手打得落花流水,最后,他一记重勾拳击倒了对手而获胜。

想象有强大的力量,许多成大事的人都首先从自己描绘具体行动形象开始,然后为实现愿望竭尽全力去工作。他们都是平凡的人,但是他们能焕发出自己的潜能,所以成就了伟业。不断想象自己成功的场景,想象得越具体越好。成就伟大人生的最重要的法则是:人生将依照你自己的想象、所描绘的样子而实现。

很多一流运动员经常进行这样的训练:通过在大脑中描绘运动时的情景或站在领奖台上的场景来提高自己的技术能力和专注力。这种训练称为想象训练。据说职业高尔夫球员泰格·伍兹经常想象"自己变成了高尔夫球飞向远方",而马拉松金牌得主高桥尚子在临近奥运会的时候反复想象"自己一马当先回到奥运会主会场,第一个挺胸冲过白色终点线"的场面。在职场中的你也可以尝试这种想象训练,以此来振奋自己的内心,给自己带来更强大的动力和更坚定的信念,这是成功不可或缺的要素。

当然这种说法确实听起来很"玄乎",也有人说世界没有你想象中那么简单,单凭想象不可能梦想成真。不过有科学家曾经真的对想象正在发生的事情和实际正在进行的行动这两种情形进行了比较,发现大脑的一部分在想象正在运动的时候更加活跃。也就是说,即使没有梦想成真,但想象成功至少在提高智力、提升正向情绪水平方面有着很好的效果。

既然可以提高智力和正向情绪水平,那么这种方法就不仅仅只对从事体育行业的人有效果。商务人士也好,工程师或研究人员也罢,都可以去想象一下自己成功时的情景场面。这样一来,过去从未使用过大脑的某些领域就会被激活,你或许能够超越以前未能冲破的极限。

想象训练还有另外一个效果，可以缓解精神压力，释放紧张情绪。你肯定经历过面试这个场景，也应该见到过有人在面试的时候或进行演示的时候因为精神过于紧张，临场发挥失常，发挥出来的实力不到自己真实实力的一半。这些人如果事先在脑子里描绘一下面试或演示的场景，把面试成功或演示成功的场景深深植入自己的脑海里，真正临场时的紧张程度就会大大降低，效果也就能好得多。

初学者在进行想象训练的时候最好选择一个周围比较安静、精神容易集中的时间或环境，比如睡前这段时间或早晨起床坐在床上的时候。首先，以一种舒服的姿势坐在床上，轻轻闭上双眼，深深地吐出一口气。进入冥想状态之后，把意念集中在眼皮的内侧，将其视作电影的荧幕。然后在那个荧幕上描绘自己心愿达成的场景。习惯之后，在工作中的关键时刻，你只要瞬间集中精神就可以描绘出成功之后的情景。也就是说，你可以瞬间提升你的智力，并完全控制自己的情绪，努力制造积极情绪。

想象自己成功时候的样子，用这种想象来给自己进行积极心理暗示，在不断暗示后，你可能真的就能获得想象中的成功，将那些本来在脑海里憧憬的时刻化为现实，让本来平淡的职业生涯变得光辉无比。

5. 渲染积极氛围，激发积极情绪

可能你已经知道了可以对自己进行心理暗示，而一些外部事物和人也会对你产生心理暗示，不过你可能并不清楚，其实环境也对人有着极强的心理暗示能力。用一个简单的事实来说明：如果你工作或生活的房屋周围花草茂盛，会给人以蓬勃生机的感觉，你会在工作和生活中充满信心与期待。而如果周围满是枯树，黄叶飘落，往往就会使你在这个环境中感到压抑、沮丧，继而生发悲哀与伤感。

实际上环境与你的情绪并没有直接关系，它也不会主动传达具体的刺激来左右你的情绪，然而它却会给你带来潜移默化的心理暗示，让你的心理、情绪都受到这种暗示的逐步影响，最终甚至完全改变你的内心。

菲利普·齐姆巴多在斯坦福大学心理系的地下室里建立一个模拟监狱，他把一组心智正常、发育成熟、情绪稳定、知识丰富的年轻人带进这所监狱，扔一块硬币，按正反面决定出一半人当犯人，另一半人当看守，他们就这样生活了六天，结果如何呢？让我们看看齐姆巴多的描述：

到了第六天末，我们不得不关闭这所模拟监狱了，因为所见情景令人害怕，对我们或大多数被试验人来说，已经不能确定出他们在什么时候结束了自我而开始进入了角色。大多数被试验人确实成了"犯人"或"看守"，已不能分清自我和所扮演的角色，其行为、思

想和情感各方面都有显著的变化。不到一周，关押监禁的经验就（暂时性地）抹杀了一生的学习。人的价值观瓦解了，自我概念面临挑战。人类本性中病态的、最丑陋的、最恶劣的方面显露出来了，我们所以感到恐惧，是因为看到了有些年轻人（"看守"）把另一些年轻人（"犯人"）当作最可恶的动物对待，以对人施加暴力为乐，另一些年轻人（"犯人"）变成了奴隶般的失去人性的机器人，他们所想的只是逃跑、幸存及对看守的加倍憎恨。

本来心智正常的人在长期受到了环境的影响后，反而变得神志不清，这就是环境对人的心理暗示作用。而对于身处职场的你来说，你的工作环境同样也会对你产生暗示，对你工作时的情绪产生影响。如果你的工作场所总是杂乱不堪、异常吵闹，那么你在工作中也会表现出焦躁不安；而如果你周围全是安安静静、努力工作的同事，你的办公桌异常整洁，所有工作用品都按部就班地摆放到位，那么你工作时的心情也会更加舒畅。

不过，在实际中你可能并不能随意改变自己的工作环境，尤其是一些"硬件"更是难以达到你理想中的标准。既然这是你无法改变的，那么你就应该从那些能够自己着手去改变的事情上考虑，比如渲染工作气氛。

工作气氛虽然在一定程度上也取决于客观工作环境，但是它还是能够通过一些小技巧来进行改变的，你可以把自己的工作气氛渲染得积极向上，那你在这样的气氛中工作自然也就会产生更多积极情绪。

（1）让自己的工作区干净整洁。

相信没有人愿意在垃圾堆里完成每天的工作，那么就试着让自己的工作区尽可能干净整洁一些。在整理你的办公桌时，尽可能给桌面的正中留有较大区域的空间，这能够让你的办公桌看起来更加明亮，从而给你带来积极暗示；桌上的东西应该尽量摆放整齐，最好还能按照一些固定的顺序和位置，因为当你需要某件东西而找不到时，很可能就会让你产生不必要的消极情绪；此外，墙面也是你该注意的地方，墙上不一定要光溜溜什么都没有，可以自己张贴一些企业规章或是一些提醒自己事情的方便贴，这会让你的工作区看起来更有工作气氛；当然，抽屉这个看似能够帮你"藏污纳垢"的隐蔽区域你也不能忽视,将工作用品分门别类整齐放在抽屉内,这会让你在打开抽屉的一瞬间不至于立刻就烦躁起来。

(2)把会干扰工作的东西从工作区清除掉。

很多人喜欢把自己一些生活上的私人用品或是娱乐用品摆放在工作区内,这无疑是在给自己带来更多分心的可能。工作区的每一个角落都不应该出现这些东西,清一色的工作用品能够让你更快地进入工作状态并保持专注,这对于做好工作有着重要的意义。另外,在工作过程中尽可能让手机、QQ、微信等这些随时有可能产生动静并干扰你工作的因素排除出去,设置静音或是干脆关掉。

(3)用"白色噪音"来对抗嘈杂的工作环境。

对于大部分人来说,如果你不是大型企业高管或是老板,那么你很可能并不能拥有自己独立的办公室,因此你的办公区的私密性就大打折扣,很可能会受到外界的干扰。不少人其实并非不想拥有一个良好的工作氛围,然而无奈自己身边的同事太过"活泼",或是工作场所本身就无法避免噪音,最终只能忍受嘈杂的工作环境。

当遇到这样的情况时,不妨试试在自己工作的过程中引入一种"白色噪音",让这种声音覆盖掉那些周围环境产生的杂音。所谓"白色噪音"就是虽然可能会对你的工作专注度产生一定影响,但是绝对好过环境中毫无规律的嘈杂声音,可以说是一种"两害取其轻"的方法。一般来说,你可以采取戴上耳机听音乐或是听一段朗诵的方式来给自己制造出足以覆盖环境嘈杂声音的"白色噪音"。

良好的工作氛围能够对你产生积极心理暗示,让你在工作中以更轻松、愉悦的心情去完成那些看似枯燥或困难的事务;相反,不良工作氛围也同样会对你产生消极暗示,让你在工作中逐渐变得颓废、痛苦,大大影响你的工作效率和工作意愿。千万别忽视工作氛围对于你的影响,这种影响虽然看起来并非强有力的，但却会渐渐渗透到你的内心，在不知不觉中就影响你的情绪。

6. 警惕外界不良暗示，学会"覆盖"消极暗示

暗示可以来自自我也可以来自他人，它在人们的日常活动中起着很重要的作用。既然暗示不仅可以来自自身，也可以来自他人或是其他外部信息、刺激，这在上面谈到关于工作氛围的暗示作用时你肯定已经了解到了，那么要想不受到各种消极暗示的影响，你就必须要提防外界对你可能产生的此类暗示，并通过对自己的内心进行积极自我暗示来"覆盖"这些消极暗示，从而让它们不至于影响你的情绪。

比如当你随便拿起一张报纸，你发现有许多报道都是消极的，让你感到无能为力、担忧或如临大敌什么的，当你一旦接收这些信息，你会觉得生活毫无意义，进而消极情绪就会大量产生。

对于这一类暗示，你必须用正面的暗示来调节自己，必须学会怎样反击这些消极的暗示，不然的话，上述这些暗示会给你的生活带来阴暗和失败。积极的自我暗示能让你从这种一片灰暗中解放出来。

要经常反思一下，你接收到了哪些消极的刺激？你是不是受到影响？每个人从小就遭遇过许多负面的暗示。然后你分析分析看，其中大部分是一种宣传，目的就是让你害怕，来控制你。别人对你的暗示天天都发生，在家里、办公室、工厂、商场……你会发现，这些暗示的目的，就是让你按照他们所说的去想、去感受、去行动，以便更好地受其利用。

第五章
学用心理暗示，"制造"积极情绪

一个人心里所想的，就是他将要成为的。爱默生曾说过："一个人就是他整天所想的那些。"你想什么，你就是怎样的一个人。在生活中，总说"我不想生病"的人，可能会面临一场格外艰苦的奋斗，老想着"我不要过寂寞的生活""我不想破产""希望这次事情不至于搞砸"的人，往往就会落入他们一心想避免的困境。

你是否也常听说类似的事？你是否也曾陷入完全违背你心意的处境？如果有，你可以回味，其实这就是被动的心理暗示。即使你想的是不希望这件事成为事实，你还是朝着它走去。这是因为心灵只能被诱导去做某事，却不能接受诱导不去做某事。

具有自信主动意识的人，会长期进行积极的自我暗示，而具有自卑被动意识的人，却总是使用消极的自我暗示。经常进行积极暗示的人，会把每一个难题看成是机会和希望；经常进行消极暗示的人，却将每个希望和机会看成是难题。因为每个人的特性都是由思想而来的，每个人的命运完全取决于他的心理状态。如果你心里都是快乐的念头，你就能快乐；如果你想的都是悲伤的事情，你就会悲伤；如果你想的全是失败，你就会失败；如果你想到一些可怕的情况，你就会害怕；如果你有不好的念头，你恐怕就会不安心了；如果你沉浸在自怜里，大家都会有意躲开你。

心理暗示的力量是如此强大，强大到可以左右一个人的命运和生活。如果我们被它左右，结果就像是被命运主宰了，如果我们能够掌控它，那么我们就主宰了命运。信心与意志是一种心理状态，是一种可以用自我暗示诱导和修炼出来的积极的心理状态。之所以说心态决定命运，正是以心理暗示决定行为这一事实为依据的。

第六章

训练思维习惯，让情绪有正确的"默认选项"

成功的人一定有一个成功者的思维习惯，这几乎是所有职场人都认可的。其实一个情绪积极的人，也同样要有一个积极正向的思维习惯。思维习惯就好像情绪的"默认选项"，训练自己让自己拥有一个良好的思维习惯和思维模式，拥有好情绪就不再是什么难事。

员工情绪自我控制的方法与技巧
Yuangong Qingxu Ziwo Kongzhi de Fangfa Yu Ji qiao

1. 思维习惯——情绪的数据库

在职场中每个人能够达到的高度是不同的,如果要问你与那些顶尖职场达人有什么区别,为什么有的人能够在职场中表现得如此出色,那么很关键的一点就是不同的思维方式。而如果你接着想要问是什么让这种差距越来越大,可以很明确地告诉你,是习惯。

良好的思维习惯是一个人能够在职场中走好每一步的关键,它既是通向成功的"地图",也是积极情绪的"数据库"。良好的思维习惯能够让你在工作中总是选择正确的方式,保持积极的情绪,并且让情绪与你的思维活动产生互动,从而让这种具有感情色彩的理性思维贯穿于工作始末,让你既充满智慧又不乏激情。

有一类情绪可以促进思维活动,有一类情绪可以阻断思维活动。这就意味着,"我"正是通过某类思维的过程同某类情绪的联接,以对这样的思维过程进行倾向判断的。举个例子,爱国主义总是同正面的情绪联接起来,那么一个爱国者,必然更倾向于对祖国有利的思维过程和结果。虽然其实际行为不一定如此,但他的目的和心理活动,必然是为爱国情绪所引导和促进的。当一类思维过程和正面情绪相联接后,与其相似的思维过程也必然和相应正面的情绪相联接,与之相抵的思维过程将会同负面情绪相联接从而产生阻断。

相反，不良的思维习惯让人在职场中举步维艰，它会让人在工作中自己给自己设置不必要的思维障碍，也会让不少负面情绪无端产生。一个人如果总是必须分散精力去处理自己制造出来的麻烦，疲于应付各种负面情绪给自己造成的心理压力，那么势必是不可能全神贯注地完成工作的，工作成果也不会尽如人意。

既然说思维习惯是情绪的数据库，良好的思维习惯能够给你带来积极情绪，那么你就应该努力去培养这样的思维习惯，让自己的情绪数据库充满正向数据。对于身处职场的你，有五种思维习惯对你产生积极情绪有极大的帮助。

（1）客观冷静的事物分析意识。

千万不要对任何事物抱有成见。这里的成见，指的是现成的看法与既有的观念。当你第一次听到这句话时，可能觉得稀松平常，并没多大体会。但在很长一段实践经历与工作体验后，你就会渐渐明白了这句话的价值与分量。

在职场中的你在大圈套小圈的多层文化环境中，很容易在脑海中对某些事物或人形成一种概括固定的看法，并把这一看法推而广之，而忽视掉个体差异，这在传播学领域被称为"刻板印象"。这种标签化的思维习惯有时能帮助你更加方便快捷地认知与判断，但它更多时候会成为一种思维枷锁，凝固成为造成你负面情绪的根源。这些观念很多时候是别人灌输给你的，更多的时候仅仅是你的自以为是。当你抛却成见，客观冷静地进行一番观察与分析，事实往往会给理论一个截然相反的答案。

"刻板印象"是个害人不浅的东西，它不仅让你变得偏执而封闭、目光短浅，更会殃及你思维的独立性，让你对于很多正常的经历产生消极情绪。如果有哪种思维习惯是需要最先确立起来的话，客观冷静的事物分析意识，当仁不让。

（2）迎难而上的问题解决意识。

在情商高的人眼中，这个世界是怎样的？有这样一条回答简短而深刻：没有什么问题是不能沟通的，没有什么矛盾是不能解决的。面对困难首先想到的是情绪宣泄与逃避，这是人类的本性，然而一个人能走多远，取得多大成就，基本上就是看他能在多大程度上克服各种"人之常情"。

> 有这样一个小故事：一个小男孩在搬石头，父亲在旁边鼓励孩子，只要你全力以赴，一定搬得起来。最终孩子未能搬起来，他告诉父亲：我已经拼尽全力了。父亲答：你并没有拼尽全力，因为我在你身边，你都没有请求我的帮助。

这个故事阐述了一个简单的道理，所谓迎难而上的解决问题，态度上要乐于沟通，手段上要穷尽一切可能。很多时候，看似山穷水尽，但只要多往前探一步，多问一嘴，多做一些，一切都会大有不同。

（3）培养自己的"富人思维"。

是什么原因导致富人越富，穷人越穷？是手里掌握资源的多少？是他们接受的教育水平更高？我承认这都是一些现实因素。然而，真正让穷人与富人拉开差距的，是看待事物和分析问题的思维角度。富人，是脑子里先想到要做一件什么事情，目标定下了之后才开始考虑要怎样筹措资源。

富人思维把"目标"和"资源"之间的逻辑关系给倒转了过来，使得他们不会被一些看似无法逾越的门槛给限制住。因为有了这种思维，所以没有什么拦得住他们做一件事：没人可以请，没钱可以借，不

第六章
训练思维习惯，让情绪有正确的"默认选项"

懂可以外包，限制可以规避，敌人可以和好，对手可以买通。总而言之一句话：办法都是人想出来的。

而穷人在做事前，可能总会瞻前顾后，永远觉得自己的积累还不够，时机还不到，方法还需研究，经验还要学习，什么东西都能成为拦住做一件事的理由，你眼中的世界，到处是羁绊与红线，这导致了你在面对困难时总是产生消极的情绪，因为你认为很多困难是无法逾越的，是上天的不公。所以说，在你还没有成为所谓的成功人士之前，不妨去观察一下他们是如何想事做事的，取法乎上得其中，取法乎中得其下，想成为什么样的人，不妨先去模仿他们的思维模式。

（4）建立价值导向思维。

大部分人在分析问题与解决问题过程中，情绪化的东西往往占据主导。在评判一件事该做还是不该做，到底该怎么做时，也常常是感性打败理性。然而最终的结果却很可能是让他们失望的，因此他们的情绪就会变得极端且消极。

如果你能多运用一些经济学方面的知识来认识工作中的种种事情，多用一些价值导向思维来评判是非对错，长久坚持下来，一切工作都会变得井井有条，效率也会高很多，你自然也就不会再被消极情绪所困扰。

（5）从本质看待一切，学会换位思考。

不得不承认，你生存在一个十分功利化的时代里。而这个时代最突出的特征与法则便是"交换"。这里的交换是个中性词汇，并不等同于潜规则，它包含物质与精神两方面的互通有无。

所以说，从本质上来看，想让别人帮助你做某事，或是想通过你的努力获得你想要得到的收益，就必须从根本上看待问题，搞清楚你所拥有的交换筹码与对方的现实所需。假如你口渴难耐，忍无可忍，只需要一杯水。而你的好友对你感情至深，他起早贪黑为你蒸了整整一大锅馒头，走了十万八千里路磨破了九百多双鞋送到你的身边，这对你来说是怎样的体验?

职场中的你其实经常不自觉地犯这样愚蠢的错误。有时候,不是你不用心,更不是努力不够,而是没有考虑到对方的真实需求,把劲儿用错了方向,最终做了无用功。

换位思考已经成了烂大街的鸡汤名句,你的耳朵可能也已经听出了茧子,然而这句看似平常的话却包含着处理社会关系的亘古真理,它从物物交换的远古时代就被先人采纳,即看看自己手里有什么,再想想对方那里缺什么东西。这样你在进行沟通和人际交往的过程中就会少碰一些钉子,少让自己的好心白费,自然也就不会因此而导致情绪问题。

思维习惯在很大程度上决定了你的行为方式和思考模式,只有通过正确的思维习惯来指导你的思想与行为,你才能够在付出努力的同时得到回报,才能够看清职场的真谛,也才能避免产生那些不必要的消极情绪,净化你的情绪数据库。

2. 打破消极思维模式,跳出情绪障碍

通过上面的阐述你可能已经意识到建立正确的思维习惯和模式对于控制好自己的情绪有着重要的作用。不过对于那些已经存在于你心中和脑海里的消极思维模式,你可能还感觉手足无措。只有能够打破那些消极思维模式,你才能够跳出已有的情绪障碍,从而解决那些反复出现在你身上的情绪问题。

思维模式是由你在工作、生活甚至幼年经历中不断形成的,要想打破一个通过数年甚至数十年形成的思维习惯并不是件容易的事情,你需

第六章
训练思维习惯,让情绪有正确的"默认选项"

要通过科学的步骤让自己跳出思维的"死循环",突破消极思维模式,并让因此而导致的情绪问题彻底消失。

第一步:把消极思想图像化。

把脑海中的小声音转换成相关的图像。比如,如果你想的是"我是个傻瓜",那就想象自己戴着顶小丑帽,穿得非常可笑,像个傻瓜般跳来跳去。想象你被许多人围观,你一边大叫"我是个傻瓜",大家一边对你指指戳戳。场景越夸张越好。想象明亮的颜色、生动的形象,以及快速的动作。甚至可以想象一些其他夸张的场面,只要你觉得有助记忆。在脑中一遍遍演练,直到你每次一有这种消极念头,脑中就会自动出现这个愚蠢的场景。

如果你觉得把它图像化很难,也可以用上述办法把它听觉化。把消极思想转换成声音,比如你哼唱的旋律。用声音取代图像,完成上述过程。无论哪种方式都会生效。

第二步:选择一种替代想法。

现在,决定用哪种想法来替代那个消极想法。如果你一直在想"我是个傻瓜",也许你会用"我是个天才"来替代。选一种能破除原有消极想法造成的影响的新想法。

第三步:把积极思想图像化。

现在重复第一步的过程,用积极思想建立一个新的思维场景。就"我是个天才"这个例子而言,你可能会想象自己傲视群雄,像超人那样双手叉腰站着。想象你头顶上方出现了一个巨大的灯泡。灯泡亮了,光芒如此炫目,你看见自己正在大喊:"我是个天才!"再次不断演练这个场景,直到想到这句话时就会自动出现这个场景。

第四步:在心里把两幅图像相关联。

现在,在心里把第一步和第三步想好的场景关联起来。这种技巧常用在诸如连锁记忆和定位记忆之类的记忆法中。你要把第一个场景变成第二个。神经语言程式学的闪变模式会让你直接从第一场景切换到第二场景,但我建议你想办法从第一场景发展到第二场景。简单的切换效果不是很好,也很难持久,因此你可以假想自己是个电影导演,现在已经有了开头和结局,因此必须设计出中间的过程。但你的电影只有几秒钟,所以你要想个办法让剧情尽可能快地发展。

比如,第一场景中的围观者之一可能会朝那个愚蠢的你扔一个灯泡。愚蠢的你抓住了灯泡,把它拧在那个人的头顶上,他疼得缩了回去。灯泡立即变得巨大,并发出炫目的光芒,让围观者都睁不开眼睛。你扯下自己的可笑的衣服,露出里面华丽的白袍。你像超人般昂首挺胸,自信满满地喊道:"我是个天——才——!"围观者刷刷下跪,朝你顶礼膜拜。同样,场景越夸张越好。夸张能让你更容易地记住,因为我们的大脑天生就喜欢记不寻常的事物。

一旦你把整个场景都想好了,就再快速地演练几遍。不断重复整个场景,直到你可以在两秒之内把它从头到尾想完,一秒之内就更好了。它必须迅速闪现,比你在现实世界里看到的要快得多。只有这样才能够让你一下子就跳出固有的消极思维模式,也摆脱因此而产生的情绪障碍。

3. 摆脱制造消极情绪的惯性思维

在职场中摸爬滚打的你,无时无刻不需要依赖经验去帮助自己解决各种工作中的问题,度过一个又一个难关。不过就在你一次次尝到经验带给你的积极作用时,是否意识到你的思维逐渐僵化,应变能力也越来越差?而当你面对一些利用经验和固有思维模式无法解决的问题时,往

第六章
训练思维习惯，让情绪有正确的"默认选项"

往就会开始怀疑自己和周遭的一切，从而带来各种各样的消极情绪。

经验确实是每个人走好职场道路的重要帮手，然而过于频繁地使用它并且不假思索，就会让你在脑海中形成思维定势，久而久之就会产生思维惯性，认定自己某些想法一定能够解决一类问题。而当这种想法受到失败的冲击时，你往往无所适从，情绪也就会变得消极。

其实任何形式逻辑的公理系统，如果长期不改变前提，总是在一个限定的范围内思维，由于解决问题的手段有限，最终都可能导致走向"常规"的误区。而人们一旦被思维的惯性和依附性所束缚，遇到新问题往往就会习惯于从常规中寻找答案，并在固化思维中徘徊，不注重去开辟新思路，解决新问题。思维要适应发展规律，破除守旧、守常、守成等这些惯性思维。因循就是沿袭，守旧就是死守老一套。无论是谁，一旦戴上思维定势的"锁链"，思想的"田野"就会长满杂草，观念的"窗户"就会腐朽发霉。

一个年轻的摄影记者带着家人一起到海边度假。因为职业的习惯，他总是留心观察那些有意义的生活画面。年轻的摄影记者连续几天在海边散步时都发现，有一位老渔夫总是会在这个时候打上一网鱼。这里的鱼种类繁多，而且能够看得出老渔夫的捕鱼本领也很高，所以每次年轻的摄影记者和他的家人都会看到老渔夫能够打捞上满满一网鱼。

不过年轻的摄影记者却发现一个十分奇怪的现象，当这位老渔夫费力地将一网还活蹦乱跳的鱼拖到岸上之后，他总是将网里面的大鱼都重新扔到海里，而只留下一些很小的鱼带回

员工情绪自我控制的方法与技巧

去。年轻的摄影记者觉得很奇怪，经过好几天的观察，他发现老渔夫每天都是如此。心中怀着疑惑的摄影记者决定去问问老渔夫其中的原因。

这一天吃完晚饭之后，摄影记者没有像往常一样陪着家人散步，而是站在老渔夫每天靠岸的地方等待着老渔夫的出现。老渔夫仍像过去一样准时出现了，他这一次仍旧打了满满一网鱼，同样像往常一样用力将沉甸甸的渔网拉到岸边，然后又解开渔网将其中个头较大的鱼一条又一条地重新扔到海里。年轻的摄影记者蹲下身问老渔夫："请问你为什么总是把费尽力气捕到的鱼扔回海里呢？如果是因为发善心，那你应该将小鱼放生呀！我实在想不明白你这样做的原因。"听到眼前这位年轻人的问题，老渔夫不以为然，平静地说："有什么好奇怪的，因为我家的锅太小了，大个的鱼根本没法下锅，所以我才把大鱼都扔回海里。"

摄影记者一直都认为老渔夫这样做必定有自己的理由，可是如今听到老渔夫的解释时，他更是感到不可思议。于是他说："那你们为什么不换一口大一点的锅呢？这样一家人不是每天都可以吃到美味的大鱼了吗？"听到他的话，老渔夫脸上的表情似乎比他刚才更吃惊。只听老渔夫说："那怎么可以呢？我家的锅是和灶相配套的，灶只有那么大，锅太大了岂不是没法烧火做饭？"听到老渔夫的话，年轻的摄影记者仿佛找到了事情的根源，于是他大声对老渔夫说："这还不好办，重新垒一个灶，然后再换一口大一点的锅，这样一来，问题不就全部解决了吗？这不是比每天都要花时间把好不容易捞上来的大鱼扔回海里强百倍吗？"说这话时，年轻的摄影记者一脸得意。可是当听到老渔夫接下来的话时，他再也无法得意，而且

第六章
训练思维习惯，让情绪有正确的"默认选项"

实在不知道该说些什么好。老渔夫是这样说的："这灶和锅都是我爷爷留给我父亲的，然后我父亲又留给了我，我只知道如何靠这副锅灶来煮饭、吃饭，可是却从来不知道怎样垒一个新灶、换一口大锅，即使有人帮我换一个锅灶，我也不知道如何用新的锅灶做饭，因为父亲当年没告诉我。"

正是因为自己的思维惯性，这个老渔夫失去了得到大鱼的机会。对于职场中的你来说，如果总是被思维惯性所牵累，那么也肯定会错失不少"大鱼"，进而因为遗憾而导致诸多情绪问题。只有你意识到自己脑海中那些惯性思维的危害性，并尽可能地让自己摆脱这种思维模式，你才有可能获得进步，在工作中因出色的成绩而获得满足感，让更多积极情绪在心中萌生。

而要想打破惯性思维，你就必须意识到以下几个方面。

（1）经验是一个好助手，但绝非好的领路人。

在你的工作中，经验确实扮演了好帮手的角色，然而如果你认为你可以仅凭跟随以往的经验就走好成功之路，那么你就大错特错了。在很多事情上，以往的经验确实值得借鉴，但是也不能完全放弃自己的主观能动性，不能不去结合当下的实际情况。照搬经验是职场中最忌讳的行为，它只能让你失去思考的能力，丧失开拓创新的精神，在这个时代中如果你缺乏这些，那么可以说成功只能与你渐行渐远。

（2）解决问题的路不只有一条。

很多时候你之所以会陷入惯性思维，就是你认定了在工作中解决某个问题一定要采取某一种方式。而当你发现这种方式并没有达到预期的效果时，你往往不会首先怀疑自己的思维模式存在问题，而是怀疑自己的能力或是客观条件制约了你解决问题，这就会给你带来负面情绪。实际上，解决问题的方法绝非一种，某一种思维模式也不可能成为"万金油"，能帮助你解决所有情况下的问题。

（3）尝试全新的思维模式你有50%的机会能够成功，抱着过往的经验不撒手，你将100%迎来失败。

很多人依赖经验并非因为他们认为某些经验真的是"真理"，而是缺乏尝试创新的勇气和决心。确实，突破惯性思维采取全新的思维模式存在风险，但是至少这让你有一定的概率能够解决问题。而如果你总是在一种已经行不通的思维模式中较劲，那么你就一定会迎来失败，与其这样何不有所突破？

惯性思维是导致很多情绪问题的罪魁祸首，惯性思维让你用已经很可能脱离了客观实际情况与实际需要的思维模式去指导你的工作，这让你很容易遭遇失败并感到自己受到了命运不公正的待遇，从而让情绪也变得消极。只有你能够打破惯性思维的牢笼，你才能不让消极情绪也因为这种惯性思维产生或延续。

4. 面对挑战性工作，不做"最坏打算"

你可能听过这样一句话："在困难面前要做好充足的准备，尽最大的努力，做最坏的打算。"在职业生涯的大部分时间里，这确实是一种明智的选择，但是这种思维方式也并非有百利而无一害。有些时候它正是你消极情绪产生的根源。当你面临具有挑战性的工作时，倒不妨试试不做最坏的打算，让情绪不至于因为想象那些最坏的可能而变得消极，从而影响到你的工作状态。

如果你总是在遇到挑战的时候做最坏的打算，那么你就会放大那些

对你不利的条件，而忽视那些对你来说本已经十分优越的条件。这让你错误地评估挑战的难度，从而产生错位的畏难心理，导致不必要的消极情绪。

有一对兄弟，老大叫汤姆，老二叫杰克。老大汤姆性格积极乐观，而老二杰克的性格则消极自卑。他们的爸爸曾做了一个试验，他让杰克独自待在一间装满玩具的房间里，让汤姆待在一间堆满牛粪的屋子里。

过了一会儿，他去查看，发现性格悲观的杰克正坐在玩具堆上哭个不停，就去问他为什么，杰克说："爸爸你给我拿了这么多玩具，我不知道该从哪一个开始玩。"

爸爸将他哄好后便去看汤姆，他发现汤姆正在非常开心地用一根枝条翻着牛粪，当他看到爸爸来了，就兴奋地问："爸爸，你快告诉我，你把玩具收藏到哪堆牛粪下面了？"

总做最坏打算的你可能就会像杰克一样，让自己充满消极悲观的情绪，哪怕自己攥着一手"好牌"，也误以为自己前方有极大的阻碍，把一些本来很好解决的问题都当作是难以逾越的大山。而如果你能够把事情往更好的方向去想，就能像汤姆一样，即便站在"粪堆"里，依旧充满积极情绪，认为事情是可以解决的，并努力从不太有利的条件中发现契机，抓住关键，解决问题。

其实你要知道，一个人在面对挑战的时候，潜能是能够被激发的，就连平时看起来十分难以做到的事情，都有可能做得到，因此完全没有必要把结果想得太坏，这样反而不利于激发自己的潜能，因为你从一开始就暗示了自己做不到。把结果想得好一些，你就会努力找到一项挑战性工作的"最优解"，并努力去追求它，完成挑战，在这一过程中你的

员工情绪自我控制的方法与技巧
Yuangong Qingxu Ziwo Kongzhi de Fangfa Yu Jiqiao

潜力就会被激活。也许这并不能帮助你立刻解决问题，但是它能使你不太快放弃，最终在坚持中等来解决问题的转机。

一个人在森林中漫游时，突然遇见了一只饥饿的老虎，老虎大吼一声就扑了上来。他立刻用最快的速度逃开，但是老虎紧追不舍，他一直跑一直跑，最后被老虎逼到了断崖边。

站在悬崖边上，他想："与其被老虎捉到，活活被咬死，还不如跳入悬崖，说不定还有一线生机。"

他纵身跳入悬崖，非常幸运地卡在一棵树上。那是长在断崖边的梅树，树上结满了梅子。

正在庆幸之时，他听到断崖深处传来巨大的吼声，往崖底望去，原来有一只凶猛的狮子正抬头看着他，狮子的声音使他心颤，但转念一想："狮子与老虎是相同的猛兽，被什么吃掉，都是一样的。"

刚一放下心，又听见了一阵声音，仔细一看，两只老鼠正用力地咬着梅树的树干。他先是一阵惊慌，立刻又放心了，他想："被老鼠咬断树干跌死，总比被狮子咬死好。"

情绪平复下来后，他看到梅子长得正好，就采了一些吃起来。他觉得一辈子从没吃过那么好吃的梅子，他找到一个三角形的枝丫休息，心想："既然迟早都要死，不如在死前好好睡上一觉吧！"于是靠在树上沉沉地睡去了。

睡醒之后，他发现黑白老鼠不见了，老虎和狮子也不见了。他顺着树枝，小心翼翼地攀上悬崖，终于脱离了险境。原

来就在他睡着的时候，饥饿的老虎按捺不住，终于大吼一声，跳下了悬崖。

黑白老鼠听到老虎的吼声，惊慌地逃走了。跳下悬崖的老虎与崖下的狮子展开激烈的打斗，双双负伤逃走了。

生命中会有许多险象丛生的时候，困难危险像死亡一样无法避免。既然无法避免不如放下心来安享现在拥有的一切，无意中就会享受到生命的甜果。

你永远也不知道一件事情最终会按照什么套路发展，再艰难的境地也许都会转瞬之间发生转机。因此，当你遇到挑战性工作时，哪怕此时此刻它看起来是那么难以完成，也不该总是做最坏的打算，而让自己产生过多负面情绪以至于产生放弃的念头。只要还有希望，你就有克服困难解决问题的机会。

不要在接受挑战的时候总去考虑最坏的结果，这有可能让你在着手迎接挑战的时候就已经输在了起点。常告诉自己"车到山前必有路"，心怀希望积极应对那些你遇到的挑战性工作，你就会发现自己不再被消极情绪所控制了。

5. 直线思维有助于摆脱焦虑情绪

伟大的科学家爱因斯坦曾经说："你能不能观察到眼前的现象，不仅仅取决于你的肉眼，还要取决于你用什么样的思维，思维决定你到底能观察到什么。"在工作中，有些时候你之所以把一项本来简单的任务看得过于复杂，因而产生了不必要的焦虑，就是因为想得太多。

"我们的思维决定我们能看到什么"这句话并不是唯心论。对于低级的思维活动，视觉起着决定性作用，基本是所见即所思，在这一点上人与其他动物相比没有多大区别。而在高级思维活动中，视觉的感官作用被大大降低，复杂的思维活动由大脑独立完成，需要什么信息，从哪个角度观察现象，以何种模式处理都是由大脑决定的。所以，不同的思维使人们从同一种表象中得到的认识大相径庭。

因此在有些时候，当你处理一些看似拥有"很多可能性"的工作时，如果尝试使用"直线思维"，往往能够更容易地透过表象一下子看到任务的核心本质，从而帮助你排除自身思维的干扰，干扰少了，你的焦虑自然也就少了。比如说，如果你面前有二十条路供你选择，你一定会犹豫该选哪条路才是最好的，自然就会焦虑；而如果摆在你面前的就只有一条路，那么你也就不需要去犹豫和焦虑了。

"直线思维"要求你在看问题时，不仅要把简单的事情视为简单，同样也要把复杂的事情视为简单，前者对于一般人来说是理所当然的，但后者只有经过一定的训练才能做到。

（1）训练自己用简单的思维方法解决复杂问题。

如果说"直线思维"的初级阶段是从简单的角度来"看"，那高级阶段就是利用简单思维杠杆，使用简单的思维来"做"。简单的问题用简单的思维来解决是一般人的水平，复杂的问题用简单的思维来解决是智者的水平。

不做任何多余的思考。如果你有两个原理，它们都能解释观测到的事实，那么你应该使用简单的那个，直到发现更多的证据。对于现象最简单的解释往往比复杂的解释更正确。如果你有两个类似的解决方案，选择最简单的、需要最少的解决方案最有可能是正确的。一句话：把烦琐累赘一刀砍掉，让事情保持简单。

第六章
训练思维习惯，让情绪有正确的"默认选项"

英国某家报纸曾举办一项高额奖金的有奖征答活动，题目是：在一个充气不足的热气球上载着三位关系世界兴亡命运的科学家。第一位是环保专家，他的研究可拯救无数人们免于因环境污染而面临死亡的厄运；第二位是核子专家，他有能力防止全球性的核子战争使地球免于遭受灭亡的绝境；第三位是粮食专家，他能在不毛之地运用专业知识成功地种植食物使几千万人脱离饥荒而亡的命运。此刻热气球即将坠毁，必须丢出一个人以减轻载重，使其余的两人得以活存。请问该丢下哪一位科学家？

问题刊出之后，因为奖金数额庞大，信件如雪片飞来。在这些信中，每个人皆竭尽所能，甚至天马行空地阐述他们认为必须丢下哪位科学家的宏观见解。最后结果揭晓，巨额奖金的得主是一个小男孩。

他的答案是将最胖的那位科学家丢出去——一个在题设情况下的最优解。

在题设的情况下，去讨论丢下哪个科学家实际上是没有意义的，这样做并不能帮助问题——保证热气球不坠毁得到解决。丢下最胖的人是能够让热气球保证安全的最稳妥做法，虽然它看似"简单暴力"，但确为最佳选择。可能谁也不会想到，一个小男孩的思维战胜了无数知识、阅历都更加丰富的大人最终胜出，这不就是奇迹吗？

（2）培养简单思维智慧。

思维方法不同于实践方法，如果说实践方法告诉你一条道路全程是如何具体行走的，那么思维方法告诉你的只是第一步该向哪个方向行走，而不涉及具体的操作。因此思维方法看起来都是比较简单的，唯其简单所以才能够包罗万象，唯其简单所以才能够普遍适用。从某种程度上来说，复杂就意味着成熟僵化，就意味着没有成长的空间。

所以，简单思维修炼的最高境界只有简单的三条法则，可以说所有的简单思维方法和简单实践方法的指导思想都源于这三条基本法则，它们属于思维智慧的范畴，可以让你从不同层次解读，却永远无法穷尽其中的奥秘。

简单思维智慧法之大道至简：最高级的规则是最简单的规则，最普遍的规律是最简单的规律。

简单思维智慧法之逆向反成：正反是对立的，同时也是可以相互转化的；简单和复杂是对立的，同时也是可以相互转化的。

简单思维智慧法之三螺旋法则：由简单到复杂，由复杂再上升到更高层次的简单，如此螺旋上升，就构成了简单的螺旋模式。这条法则告诉我们，要想达到更高层次的简单，就必须先经历复杂；要想达到更高层次的复杂，就必须先经历简单。比如说，思维模式复杂、思维方法多了，分析问题和解决问题就简单容易多了；企业管理标准化、简单化了，企业规模就能做大做复杂了。

在很多人看来"直线思维"似乎是一种"傻瓜思维"。而实际上，如果你能将"直线思维"运用得得心应手，那么你一定是职场中真正的智者。"直线思维"能够让你最有效率地解决工作中的各种问题，自然也就会让你的执行力高得惊人。

第六章
训练思维习惯，让情绪有正确的"默认选项"

6. 很多时候你需要"走一步算一步"

老话说"预则立，不预则废"，做好工作计划对于每个职场人来说都是必不可少的。不过做计划在有些时候也并不是什么好事，尤其如果你的计划太大、时间太久。面对实际工作时，你可能常常发现预先计划的局限，从而不得不让自己不断打破计划，这会让你造成自信心的缺失，也会影响工作情绪，让你变得消极。

有时你为了完成计划而完成计划，这不是坚持，而是一种愚蠢。妄想一劳永逸，制订好计划之后就闭目塞听地执行，不管主观客观的条件发生了哪些变化，懒得去感知，不想去感知，否定感知，不想根据感知去调整。匀速运动消耗的能量少，变速消耗的多。一头扎进计划的同时也屏蔽了其他的可能性。

在制订计划时，你可能会产生一种十分"要命"的想法，就是"你今天的打拼，都是为了明天的好日子"。你可能觉得这个说法很好，但如果你这么去思考"我今天做的事，都是为了明天的某个目的、某个产出"，你把它写到计划表上的时候，它就会变成你的一个幻想，而且这个幻想会捆住你的双手双脚，让你没法往前走。为什么呢？因为你永远都没法活在明天。第二天睁眼一看，还是今天。所以你晚上不愿意闭眼，早上不愿意睁眼。晚上闭眼的时候会很失望，一天又被浪费了；早上睁眼也会很失望，新的一天就这么平淡无奇地来了。然后每天都在这种负能量当中循环,情绪自然会很低落。

有些时候,不去做计划,走一步算一步,反而能让自己走出计划中的未来。但是,看到这里估计你正在酝酿这样的问题,你可能会怀疑,要是放下了这些计划,没有了梦想,那人和咸鱼还有什么区别?你还可以往前走吗?

答案当然是肯定的,你还可以继续往前走。没有计划,没有幻想,还可以凭借今天你的兴趣,你的某种动力、某种联结再往某个方向走。你没想过走出来会是哪一番天地,不知道会不会成功或者摔得很惨,但你是可以往前走的。相比来说,总是计划又总打破计划,不停原地踏步更容易让你产生消极情绪。

你应该记住一句话:如果你每天都在做事,如果你抓住各种可能性往各个方向去试探的话,在一直慢慢地积累,那么结果就不会差。即便你没有计划催促你往哪里走,即便你走得没那么快,但你走上一段时间,总能遇上一些机会。

李根小的时候去学习游泳,发现了一件非常不可思议的事情,游泳池里面居然有人可以躺在水上,不用动就能躺在水上。他完全不能理解他们是怎么做到的。他也逼自己躺上去,但是一下就栽了下去。"他们也不比我胖多少啊?"李根发出了这样的疑问。

于是李根去问他们,他们也告诉了李根一个让人生气的答案。他们说:"你自然而然就可以躺上去啊,什么都不做就可以躺上去。"可是李根怎么试都不行,他就想这里面肯定是有问题的,一定有什么诀窍。

他想了很久,终于发现了躺在水面上的诀窍,那就是放松。他发现如果你放松地躺上去的时候，就会被水接住，就能浮起来。但你要放松地躺在水上，首先要信任这个水不会淹没你。如果你相信水可以接住你，那么你往上面放松地一躺，就真的能浮起来。他后来用自己的经验不断地证实了，水在大部分的时候都是很友好的，能够接住他并让他漂浮在水面上。

其实在实际工作中，你在大部分的时候所面对的实际情况也是很友好的，如果你大部分的时候就是"自然而然地往水上一躺"，而不是用计划表或者说硬逼着自己保持某种姿势的时候，大部分情况下你会发现自己会"浮在水上"，心情也变得放松，情绪也莫名好了起来。

制订合理的计划确实是一种优秀的工作习惯，然而有些时候你也应该试着放下去计划一切，走一步算一步。当你感觉到计划已经跟不上变化，感觉到自己已经在被计划牵着鼻子走时，不妨暂时放下你的那些宏伟蓝图，就着眼于此时此刻，丢下计划的同时你也就丢掉了那些因不得不完成计划而产出的消极情绪。

7. 摆脱"受害者思维"，别自己制造消极情绪

在职场中，每个人都有过被不公平对待的痛苦或不快经历。尽管有些人能妥善处理不公正待遇并继续前行，但也有许多人难以迈过这个坎。他们从心理上陷入被其他人算计和命运摆布的感觉。他们总是觉得自己是受害者。

"受害者思维"是一种对你能产生长远恶劣影响的思维方式，它让

你总是觉得自己随时有可能受到伤害，从而总是处于极其紧张的状态，怀疑周遭的一切，这会导致消极情绪迅速增长，而这些消极情绪反过来会影响你对客观世界的正确判断，从而加重"受害者思维"。

如果你经常觉得自己像受害者，应考虑是否想改变这种情况。当然，你的本能反应很可能是"我想"，但静下心来认真考虑，你仅仅是想让它改变，还是想改变它？前者是受害者思维，把自己视为外部因素。但如果是后者，想帮助自己，说明你已经走在摆脱受害者角色的正确道路上。"受害者思维"一般特征及摆脱这种思维的方式有：

一是觉得自己无力，难以解决问题或有效应对它。摆脱这一思想需要我们内心强大起来，即使面对不能解决的问题，也应考虑哪些资源能更有效地帮助你摆脱困境。

二是倾向于把问题看做大灾难。摆脱这样的思维要留心观察你是如何夸大问题的。问自己："最坏会发生什么？"接下来要做的事情是："我怎样应对它？"

三是常认为其他人有目的地伤害你。摆脱这种思维要认真考虑其他人的观点和动机，而不是主观认为他们有不良企图。即使有人真的想伤害你，是否有其他人支持并显示关心？通过识别后者关系，你可以把自己视为这种情况的受害人，而不是把自己当作受害者。

摆脱"受害者思维"

四是认为只有自己被当作虐待对象。摆脱这种受害心要多与他人交流，间接或直接了解你认识或听说过，也被当作受害者对待的人。他们可能遇到与你类似的问题。不管用哪种方式，让自己意识到，你不是唯一被恶意对待的人。

五是紧紧抓住受害者的想法和感觉不放，并拒绝考虑解决问题的办

第六章
训练思维习惯，让情绪有正确的"默认选项"

法。要摆脱这种思维要多专注于现在能做的事情，并考虑可以采取哪些措施在未来避免重新成为受害者。当然，还可以与信任的人交谈，尝试打开被禁锢的思维。

六是受害者心态迫使你保持痛苦记忆，难以原谅，并采取报复行动。摆脱这种心理要多考虑这些思维方式是否对你有好处，或它们是否会一直让你不快乐。接受你不能改变过去的事实。这一点显而易见，但它给人不公平的感觉。虽然有时难以克服这一点，但在你接受现实的情况下，更容易让自己释怀，甚至原谅过去。

当然，你之所以会产生"受害者思维"，主要还是由于你的内心不够强大，当你很脆弱的时候自然就会觉得自己更容易受到伤害。因此如果想要真正掌握摆脱以上六种想法，仅仅知道方法还是不够的，你还必须锻炼出一颗强大的心脏。

（1）要有积极的心态。

坦然接受已经发生和必须发生的事实。怨天尤人、自艾自怜，不如平静面对。把霉事变得不那么坏或变成好事是完全可能的。关键是面对心态，心态可以决定你面对的行为。

（2）要有理智的自省。

把所有的过错都归错于外，是最愚蠢的处世态度。这样的人永远走不远，行不到高处。面对糟糕的结果、局面，除了分析外界不可控的行为及因素外，在这当中，自己对自己的行为是可控的。那么，自己到底哪里出了状况呢？自省是自我掌控生命者的必修功课。

（3）要有强大成事的锲而不舍之决心。

曾国藩在对太平天国作战时经常吃败仗，朝中有同僚讥讽其："曾公，你可真是屡战屡败。"曾国藩回复："不！吾是屡败屡战。"当你有锲而不舍的决心时，你就不再会在遭遇失败时认为自己是一名命运的"受害者"。

（4）对所谓公平要有正确的理解。

著名心理辅导师古典也曾说过："所有的宗教、法律、政权、伟人都是在追求公平，恰恰说明这世界本来就不公平。"任何的公平都是相对的，你要对公平有正确的理解，不要一受到你认为不公平的待遇时就立刻认为自己受到了不该有的伤害，自己是一个受害者。要知道，此时此刻遭遇比你"更不公平"的事情的人还有很多很多。

这个世界从来就没有害过谁，就像它也没有帮过谁一样。身处职场的你与其他人其实没有任何区别，都在经历成功也在经历失败，都在面对同样难以处理的人际关系，都遇到过难以解决的困难，都付出过毫无回报的努力。要相信你并没有被"特殊对待"，你不是"受害者"，仅仅是与所有人一样的人。

调节压力水平，压力刚刚好，情绪不失控

压力越大，情绪越坏，所以压力是影响情绪变化的一个重要因素。要调节情绪，保持良好的心态，不让情绪失控，就必须较好地调节压力水平，适度减压，别让压力太大，过大的压力会把人压垮，让人情绪失控。但没有压力也不利于情绪的稳定，所以压力刚刚好最有利于情绪的平和和稳定。

员工情绪自我控制的方法与技巧
Yuangong Qingxu Ziwo Kongzhi de Fangfa Yu Jiqiao

1. "高压"工作状态易导致情绪"爆炸"

随着现如今社会的不断发展，社会中每个人的生活节奏不断加快，职场中的竞争也日趋激烈。面对这样的形式，每个身在职场中的人都无疑顶着巨大的压力，这些压力往往让你感觉喘不过气来，情绪也容易产生突如其来的变化，导致情绪"爆炸"。

超负荷的运转，以及新知识的飞速更新，要求你不断应对、补充以及尽快掌握的时候，特别是当你不幸遇到一个不是那么通情达理的上司，并要求你在很短时间内完成很多任务的时候，当我们的家庭也需要你的付出，爱人、孩子都牵扯着你的精力时，当又一批年轻人进入公司，和你并肩竞争某项任命的时候，你的压力都会不断攀升。在这些叠加的压力下，我们的心理往往会难堪重负，首先出现的就很有可能是情绪问题。

不少单位一到年底格外忙碌，身为某企业部门主管的小佳更是忙得两脚快要飞起来。每天都要处理很多事情，还有一些事还处理不到位重新翻出来，时间又特别紧，让小佳感到压力很大，以至于脾气也火暴得不行，变身火药桶了一般，情绪一点就着，和同事摩擦不停，和家人争吵不断，她因此对工作感到厌烦，甚至开始怀疑起人生，工作效率也低到不能再低，情绪一度崩溃，不得不去看心理医生。

在医院就诊时，她告诉心理咨询师，自己的工作原本挺

第七章

调节压力水平，压力刚刚好，情绪不失控

好，上司只有经理一人，但自从多了一个分管经理后，情况发生了变化。经理和分管经理关系不融洽，很少沟通交流，安排工作时只顾传达自己的意见，这让她十分无奈与无助。在分配工作时，她部门的年轻人总有人不服安排。领导的不和、下属的不服管，都让小佳十分难做。她向领导提过建议，但总不见实质性改变。小佳天天觉得压力很大，开始对工作感到厌烦。一到年底，事情很多又急需执行，她觉得每天上班都是煎熬。由于工作不顺，回到家里她经常没有耐心，总因琐事和家人争吵，天天被无形的压力压得头痛不已。现在，她老觉得生活没什么意思，这一切烦恼的源头都是工作。

在高压下工作，如果找不到一个缓解的方法，极易导致情绪的失控甚至崩溃。越是对工作和自己都严格要求的人，越希望能把所有事都做得完美，给自己的压力就越大。一旦工作受挫就会产生很大的情绪问题，不良情绪就像一个不断充气的气球，没有宣泄的出口，最终只有爆开。

不管你身处哪个行业，职场给你带来的压力都是相同的，你应该对压力给你情绪带来的影响和变化抱以足够关注。当你在日复一日的劳作中，心怀对失业的恐惧和完不成业绩的焦虑以及升职、加薪的极度渴望，你的情绪是十分容易产生波动的，而如果对这种波动不加以干预，它的幅度就会越来越大，最后发生情绪"爆炸"，给你的工作带来极大的负面影响。

长期处于高压工作状态，你会感觉到心烦气躁、情绪不稳。最新研究表明，这是因为人体免疫系统中的一种细胞会被"征召"到大脑，容易引发焦躁等情绪。美国俄亥俄州立大学研究小组利用小鼠实验，证实了该种免疫细胞的作用。在长期压力中，大脑会发出信号到骨髓。此时免疫系统中的白细胞会由骨髓处转移，并聚集在大脑的特定区域。它们围在脑血管周围，并渗透到"掌管"情绪脑组织所在区域，导致焦虑等情绪。

不管是从生理上还是心理上，高压工作状态都会导致你产生消极情绪，而当压力到达一定程度时，你就有可能出现极端情绪，这很有可能让你做出伤人伤己的行为，因此你必须要提高警惕。

在现如今这个节奏越来越快的时代，压力积累的速度也越来越快，而如果你不希望自己由于过大的工作压力失去对情绪的掌控能力，甚至让情绪成为"脱缰的野马"对你的工作产生极大破坏，那么就一定要掌握减压的方法。当你释放压力的同时，你也就释放掉了那些由压力产生的消极情绪。

2. 量力而行，别对自己过高要求

压力太大，情绪爆炸。所以，不论多么要强的人，也要学会量力而行，适可而止，别对自己要求太高。有志向的人总想攀登上人生的顶峰，这无可厚非，可是"水满则溢，月盈则亏"，不懂得量力而行，生生扛重活，总有一天会把自己压垮掉。懂得适可而止才是真正的聪明。

一个登山运动员攀登"珠峰"，当他攀登到六千四百米高度时体力不支，便没有继续攀登。他的朋友知道后，认为他应该坚持一下，登上顶峰，不然多么遗憾。然而他却对那个朋友说："如果我再继续攀登，那么我将体力不支，等待我的将是死亡。我知道这一次确实体力不行了，我可以停下来，休整好以后下

第七章
调节压力水平，压力刚刚好，情绪不失控

次再来。如果硬撑着上，就不会再有以后了。"

确实，若他再攀登一些高度，他将胜利，赢得辉煌，但相对着的就是死亡，这样的情形下，该如何舍轻就重呢？福楼拜说过："成功是一种结果，而不是一种目的。"用一句易懂的话来说，就是"留得青山在，不怕没柴烧"。做出这种决定，不是懦弱，不是对梦想的亵渎，反而是一种理性，一种智慧，一种境界。

在职场中，你也许并不需要考虑生死这样的问题，但是如果强行去追求某些目标，还是会让你由于力不从心或是最终失败产生不少消极情绪，而这些消极情绪实际上就是由于难以企及的目标给你带来了

巨大压力所产生的。而要想将这些消极情绪转化成积极情绪，你就必须首先解决掉给你带来不必要压力的根源，学会量力而行。

在工作中无论是制定目标还是具体行事，你都必须考虑以下四个方面：

一是体力。每个人的体力不一样，有的人能举起100千克，有的人则连15千克都举不起来。有的人能跑万米，有的人却跑不了500米。工作是需要耗费体力的，要知道自己的体力情况，按照实际情况来制定目标和工作量，如果强行让自己的身体超负荷运转，那么无疑也会给自己的心理造成很大压力，消极情绪就会更容易产生。

二是能力。在工作中无论做什么都是熟能生巧，都有各自的门道，那叫技术也叫能力。俗话说："没有金刚钻，别揽瓷器活。"如果自己没那本事，就得服输，不必就为了争口气而"硬上"，这样只会给自己徒增压力。

三是实力。实力主要指各方面硬实力。硬实力不仅仅指经济实力，还有人脉、平台等多方面因素。比如，看人家炒股挣钱了，自己也想炒

股，要摸摸自己的钱包厚不厚，投入得不多，还想挣大钱，那是痴心妄想。既然没有那实力，就不要异想天开。

四是毅力。毅力是精神层面的，无论做什么事情都需要好好掂量掂量自己能否承受和坚持，不能靠一时的冲动。有许多人信誓旦旦去做一些需要付出极大努力和较长时间才能完成的长久目标，可是没有毅力，半途而废。那在这一过程中你给自己带来的压力实际上就是没有意义的，因为工作最终并没有做出结果，反而会打击自己的自信，影响自己的情绪。

量力而行的根本是自知之明，知道自己是半斤还是八两，千万不要以为"当今之世，舍我其谁也"，到什么时候都要夹起尾巴做人，不可觉得自己怎样了不起。要清楚山外有山，人上有人。

量力而行的保证是处处服气，无论自己在什么方面再优秀，也一定有更优秀的人在前面，不能不服气。汉高祖刘邦说："运筹帷幄之中，决胜千里之外，吾不如子房；镇国家，抚百姓，给馈饷，不绝粮道，吾不如萧何；连百万之军，战必胜，攻必取，吾不如韩信。"这正是刘邦能战胜项羽的经验之谈。

很久以前，有一位修行很深的高僧隐居在山林中。但是，由于他的人品很好，人们都千里迢迢来寻找他，想跟他学些生活方面的窍门。

有一次，当他们到达深山的时候，发现高僧正从山谷里挑水。人们注意到，他挑得不多，两只木桶里的水都没有装满。

按他们的想象，高僧应该能够挑起很大的桶，而且挑得满满的。可是高僧为什么不把桶挑满呢？

他们不解地问："高僧，这是什么道理？"

高僧说："挑水之道并不在于挑多，而在于挑得够用。一味贪多，会适得其反。"

第七章
调节压力水平，压力刚刚好，情绪不失控

众人越发地不解了。

于是，高僧让他们中的一个人，重新从山谷里打了满满的两桶水。

那人挑得非常吃力，摇摇晃晃，没走几步，就跌倒在地，水全都洒了，那人的膝盖也摔破了。

看到这种情景，高僧说："水洒了，不是还得再打一桶吗？膝盖破了，走路艰难，岂不是比刚才挑得还少吗？"

众人问道："那么请问高僧，具体该挑多少，怎么估计呢？"

高僧笑道："你们看这个桶。"

众人看去，桶里画了一条线。

高僧说："这条线是底线，水绝对不能高于这条线，高于这条线就意味着超过了自己的能力和需要。起初还需要画一条线，挑的次数多了以后，就不用看那条线了，凭感觉就知道是多是少。有这条线，就可以提醒我们，凡事要尽力而为，也要量力而行。"

众人又问："那么底线应该定多少呢？"

高僧说："一般来说，越低越好，因为低的目标容易实现，人的勇气不容易受到挫伤，反而会培养起更大的兴趣和热情。长此以往，循序渐进，自然会挑得更多、挑得更稳。"

量力而行其实是保证工作效率和成果的最佳方法，它能让你避免在工作中自己给自己制造难以克服的困难，避免增加风险系数，从而大大降低了工作压力。工作压力小了，它引起的情绪问题也就少了，你会发现自己的消极情绪也跟着变少了，这反而让你能够更好地在工作中发挥实力。

中国人讲究"中庸"，讲究"过犹不及"，就是一种最成熟、稳妥的处事方法，也是最聪明的做事方法。"凡事太过，势必早过"，"过"

和"不及"都不利于把事情做好。调节压力和情绪也是这样。压力不能太大,但也不可没有,太大导致情绪失控,没有导致情绪空虚。恰到好处的压力最有利于稳定情绪。量力而行就是一种"中庸"之道,一种智慧的做事方法,一种最恰当的压力管理武器。量力而行并不是怯懦,而是对自己冷静客观地进行分析后而做出的智慧选择。有些时候走慢一点并不意味着无法到达终点,然而走得太快你就很有可能在半路摔跟头。

3. 主动求助,一意孤行只会徒增压力

能力永远是你在职场中赖以生存的核心力量,因此你要不懈地努力去提升自己的工作能力,尤其在面对一些工作中的困难时,你很可能会选择独自面对它、克服它,从而让自己的能力在一次次克服困难中有所提升,也向他人证明自己的实力。

然而,每个人的能力都是有限的,在工作中你难免会遇到十分棘手、自己难以解决的困难,如果此时你一味依靠自己去蛮干,那么不但不能达到很好的效果,反而会让自己背负上沉重的压力。其实有的时候伸出自己的手去寻求他人的帮助并没有什么丢人的,学会量力而行寻求他人的帮助,依靠他人的力量与自己一起克服困难,这才是一个聪明员工应该选择的方式,也只有这样你才能够在重大的困难面前不至于承受自己难以负担的压力,让情绪变得无法掌控。

2015年郑州一名30岁的男子小龙因结婚买房时遇经济困

第七章
调节压力水平，压力刚刚好，情绪不失控

难，难以解决，情绪崩溃，选择了自杀，幸亏抢救及时，避免了悲剧。

据知情人透露，当时楼内弥漫着浓烈的煤气味，漏煤气的住户就是小龙，房子是租的。小龙平常早出晚归，很内向，几乎没跟邻居说过话，大家也都没有他的联系方式。接警赶来的派出所民警找到一个开锁的人，将门打开。一开门一股强烈的煤气味就包围了众人。屋内光线很暗，电脑开着，桌子上放着两个啤酒瓶。一个光着上身的年轻男子，脸色苍白地侧躺在床上。床头旁有一个开着的煤气罐。男子头低垂着，脸对着煤气罐的管道，相距只有10厘米。民警赶紧关上煤气罐，打开窗户，并拨打120。

小龙被救护人员抬出来时，脸色苍白，只有肚子一动一动的，显示这个人还有呼吸。他的伯父和堂哥赶来了，原来自杀是因为买房结婚钱没凑够，一时情绪崩溃以致走了极端。伯父说："他可能不想让家里人操心吧，也没向亲戚朋友们借过，自己一个人扛着，扛不住了，就想着死了算了。"

现在生活节奏快，房价上涨更快，结婚要求有房已经成为"标配"，因而年轻人感受到压力大，如果不懂得主动求助，自己一个人生扛着，紧张过度很容易导致情绪失控。所以要学会求助和借力。

千万不要认为求助他人"没面子"，特别是经济困难，很多人都闷在心里，不敢说出来，生怕别人瞧不起自己，更不敢向人求助，担心会让自己更难堪。其实大可不必。虽然现在大家都很怕借钱，但自己的亲人还是会慷慨相助的。别把这些压力全压在自己一个人身上，学会求助，学会借力，你会更轻松。

葡萄藤借助木杆，盘环而上，沐浴阳光；大海的浮游生物借助洋

员工情绪自我控制的方法与技巧

流,四处漂泊,一日千里;蒲公英借助徐徐轻风,随遇而安,繁衍生息。孔明借以东风,火烧赤壁;曹聪不是借水浮之力,轻灵之船,那么即使有百斤之砣,百方之盘,百米之杆,又怎能称出大象的重量;鲲鹏借巨风以升万里,而行至南海;候鸟借气流以结队飞行,而南北迁徙;明月借日光以照亮黑夜,而皎辉如练。一个人的力量毕竟是有限的,要想在事业上获得成功,除了靠自己的努力奋斗之外,有时需要借助他人的力量,只有"好风凭借力",才能"送我上青云"。

当然,你可能现在还不习惯主动去寻求他人的帮助,这主要还是你没有调整好自己的心态,也没有掌握真正能够使你获得进步的寻求帮助的方法。只有在纠正认知偏差后你才会开始愿意去寻求帮助,而只有掌握了正确的方法,你才能让寻求帮助不会成为一种依赖和逃避,而是实打实地在寻求帮助的过程中提升自己。

(1) 更正自己的认知,寻求帮助不代表弱小。

很多时候,你在遇到巨大的困难时,之所以不去寻求他人的帮助,多半还是因为"开不了口",认为求助了他人就是承认自己的弱小与无能。其实这种认知是极其错误的。每个人的能力都有限,而且每个人都有自己擅长和不擅长的事情,用他人的力量弥补自己的不足,帮助自己实现工作中的进步,这才是大智慧。仔细观察那些职场中的成功者,他们或许都有着不同的成功经历,也有着自己独特的"看家本领",然而他们几乎都有着一个相同的特质,那就是不羞于向他人寻求帮助,深谙"借力之法"。只有懂得这一点,你才能够让自己拥有更全面、更强大的力量,在面对重大的困难时轻松自如地去解决它,也让自己不至于背负太重的心理压力从而产生太多消极情绪。

(2) 在寻求帮助的过程中要主动学习。

可能很多员工并不是十分抵触向他人寻求帮助,然而在你身上却经常出现这样的现象:当你遇到一个对于当时的你非常困难的事情时,你通过寻求他人帮助成功解决了它,然而当不久以后你再次遇到相同程度的困难时,你依旧只能寻求他人的帮助,却还没有自己解决它的能力。这种现象就是由于你在寻求帮助的时候只顾着借力,却没想在这一过程中提升自己,这样就会让自己停滞不前,甚至产生依赖心理。

你在寻求他人帮助解决问题的同时,也应该仔细观察他人在解决这些问题的过程中一些值得你学习的地方,从而弥补自己在工作能力上的不足,让自己有能力在下一次遇到同样的困难时能够独立解决,从而实现工作中的进步。如果你总是一味求助他人而不提升自己,当求助的过程频繁出现时,你也难免对自己的能力产生怀疑,从而依旧给你带来很大的心理压力。只有通过在求助的过程中提升自己,让你在下一次的困难面前独立解决它,你才能够树立更强的信心,在面对困难时也就不会有太大压力了。

正所谓一个好汉三个帮,在这个讲求合作共赢的时代,孤胆英雄已经退出了职场的舞台。不要再一个人试图去力挽狂澜,这只会让你给自己平添不必要的压力,让你的情绪最终因为压力走向失控。懂得借力是一种职场生存之道,是一种更快获得成功的大智慧。

4. "阶梯式"树立目标,看得太远压力大

如果你眼前有一座高山,满是悬崖峭壁,那么你该如何才能攀登上去?最好的答案当然是在山坡上开凿台阶,然后顺着台阶一步步登上去。在职业生涯里设置目标其实也是如此。如果你一下子把目标设置得过大、过远,那么你肯定会被这看似难以完成的目标吓到,进而就会产

员工情绪自我控制的方法与技巧

生巨大心理压力,导致情绪出现问题。而如果你使用"阶梯式"的方法树立目标,把一个长远目标分割成一个个"小阶梯",一点点向它迈进,那么就能够大大减轻自己的压力,还能够从每次完成任务的过程中获得满足感,积累积极情绪。

有一天,张宇去办公大楼12楼办事,在一楼等电梯等了很久,电梯都没下来,于是决定干脆爬楼梯,节约时间,还顺便锻炼锻炼身体。

张宇单位办公大楼的楼层层间距比较高,一层分为两段楼梯。张宇慢慢地爬到12楼,稍微有点喘气,但是整体感觉还行。

办完事情,张宇继续沿着楼梯走下来。无意中数了数,每层两段楼梯,每段是13级台阶,也就是说,一层是26级台阶,从1楼到12楼要攀登将近300级台阶。

300级台阶,真是不算不知道,一算吓一跳。

张宇不禁想起当年旅行结婚的时候,和先生一起登泰山,到了紧十八盘的脚下,仰望45度多的400多级台阶,当时看得人腿发软,头皮发麻。张宇心想,这一大堆台阶,怎么爬得上去呢?当下就打起了退堂鼓,要不是先生硬拉着张宇一路攀登,张宇还真上不到南天门,得以一览众山小。

可是今天的300级台阶,和泰山的紧十八盘有一拼的,张宇轻轻松松就上来了,也没觉得怎么累。

第七章
调节压力水平，压力刚刚好，情绪不失控

其实，仔细想想，道理很简单，上楼时我们眼前的是阶梯形的目标，每走一段，就有平缓的一个平台走几步，然后再攀登，不知不觉就到顶了。不是一眼就能看到高高的楼顶，自己先把自己吓住了的一次性目标。

阶梯式目标的制定需要你重新在内心建立正确的理念，否则即便将目标按照阶梯式的方法制定出来，也难保能够按照既定计划去执行。

（1）阶梯式目标的核心思想是比昨天更进一步。

"为什么要这么做？""究竟为什么要干这项差事？"越是认真、拼命工作的人，就越会思索劳动的意义，思考工作的目的，为这些人生最根本的问题而烦恼，并且常常陷入找不到答案的迷途之中。"将来会搞出什么样的研究成果""自己的人生将会怎样"，不要再痴迷于这些不着边际的远景，而只是留神眼下的事情。就是说，我们要发誓今天的目标今天一定要完成。工作的成绩和进度以今天一天为单位区分，然后切实完成。

在今天这一天中，最低限度是必须向前跨进一步，今天比昨天，哪怕只是一厘米，也要向前推进。同时，不单单是前进一步，还要反省今天的工作，以便明天"要做一点改良""要找一点窍门"。在前进一步时，一定同时是在改善、改进。

就这样，奔着每一天的目标去，让每一天都有所创新，就会天天前进，天天获得积累。为了达到目标，不管外面刮风也好、下雨也好，不管碰到多大的困难，都全神贯注，全力以赴。先是坚持一个月，再坚持一年，然后是5年、10年，锲而不舍。这样做下去，你就能踏入当初根本无法想象的境地。

将今天一天作为"生活的单位"，天天精神抖擞，日复一日，拼命工作，用这种踏实的步伐，就能走上人生的成功之道。

（2）关键是全力过好今天这一天。

阶梯式设定目标不讲究将计划设置得过于长远，因为说自己能够预见到久远的将来，这种话基本上都会以"谎言"的结局而告终。"多少年后销售额要达到多少，人员增加到多少，设备投资如何如何"，这一类蓝图，不管你怎样着力地描绘，但事实上，超出预想的环境变化、意料之外事态的发生都不可避免地会出现。这时就不得不改变计划，或将计划数字向下调整。有时甚至要无奈地放弃整个计划。这样的计划变更如果频繁发生，不管你建立什么计划，你都会认为，"反正计划中途就得变更"，于是你就会轻视计划，不把它当回事，结果就会降低你的士气，给你带来消极情绪。

同时，目标越是远大，为达此目的，就越需要持续付出不寻常的努力。但是，你努力再努力，如果仍然离终点很远很远，你就难免泄气。你很快就会出现"目标虽然没达成，能这样也就可以了，差不多就算了吧"这样的想法，从而半途而废。

与其中途就要作废，不如一开始就不要建立。做年度计划，就要细化成每个月甚至每一天的具体目标，然后千方百计努力达成。要不断在心中对自己默念：今天一天努力干吧，以今天一天的勤奋就一定能看清明天。这个月努力干吧，以这一个月的勤奋就一定能看清下个月。今年一年努力干吧，以今年一年的勤奋就一定能看清明年。就这样，你在工作中的每一瞬间都会过得非常充实，就像跨过一座一座小山。小小的成就连绵不断地积累、无限地持续，乍看宏大高远的目标就一定能实现。

（3）评价自己的能力要用"将来进行时"。

在建立目标时，要设定"超过自己能力之上的指标"。要设定现在自己"不能胜任"的有难度的目标，"我要在未来某个时点实现这个目标"，要下这样的决心。

然后，想方设法提高自己的能力，以便在"未来这个时点"实现既定的目标。如果只用自己现有的能力来判断决定"能做"还是"不能做"，那么，就不可能挑战新事业，或者实现更高的目标。"现在做

第七章
调节压力水平，压力刚刚好，情绪不失控

不到的事，今后无论如何也要达成。"如果缺乏这种强烈的愿望，就无法开拓新领域，无法达成高目标。但是很多人在自己的工作和生活中，很轻率地下结论说："我不行，做不到。"这是因为他们仅以自己现有的能力判断自己"行"还是"不行"。这就错了。因为人的能力，在未来，一定会提高，一定会进步。事实上，大家今天在做的工作，几年前来看，你也会想："我不会做，我做不好，无法胜任。"可是到了今天，你不是也觉得这个工作挺简单的？因为你已经驾轻就熟了。

当你制定目标时，不要一下子制定得那么高远、抽象，先自己把自己给吓住了。不妨科学地制定一些阶段性目标，但是这个目标一定要"向上"，并向着一个个小目标一路迈小步不停步，沿途顺便欣赏一下"攀登"过程中的风景，最后同样能够登顶远望，不是更好吗？

5. 工作问题立刻解决，堆积问题就是堆积压力

明日复明日，明日何其多。在工作中很多任务可能并不是十分紧迫，因此给了你太宽裕的时间，于是你总是想把事情放在明天再做，慢慢就养成了拖延的习惯。工作上不少压力往往是在你一声声"明天再干吧"中渐渐堆积起来的，而这些堆积的压力将给你带来不少消极情绪。

要想避免这样的情况发生，你就必须培养自己日事日清的良好工作习惯，今天的事情就要在今天做完。只有这样你才能立刻行动起来，让自己时刻保持能今天做完就不拖到明天的状态。堆积工作的行为并不是自制力差造成的，因此自制力也不会帮助你改掉堆积工作的毛病，你需要的是习惯。只有在工作中保持良好的习惯，你才能真正远离堆积工作

的不良习惯。

当然习惯的养成是不容易的，要想养成日事日清的好习惯，你首先要能够对抗一个"看不见的敌人"，这个敌人就是你过于急躁的内心。拿一个最现实的例子——减肥来说，很多人都想要减肥，想要健身，但大多数人的状况是：决定要减肥后，制订了详细的计划，办了几千元的健身卡，却在去了不到三次后，将这些东西都束之高阁。

导致这种情况的深层次原因就是你太着急了，太想在短期内看到你为建立习惯所付出的努力能够带来效果。你希望一夜暴富，一朝成名，喜欢看"穷小子白手起家创业成功""胖女孩半年瘦身八十斤俘获男神芳心"的故事。你天生都喜欢即时的反馈和满足感，是因为大脑里，住着一个"看不见的敌人"在捣乱。要想真正让自己养成日事日清的好习惯，你就必须战胜它。

如果你想能够战胜急于求成心理，在养成习惯上踏踏实实付出努力，你就需要一把最锋利"武器"——习惯养成的原理。只有你掌握养成习惯的原理并按照科学的步骤去执行习惯养成的计划，你才能让自己真正做到日事日清，远离堆积工作的坏习惯。

（1）找到习惯的"触机"。

所谓"触机"即触发习惯的外部原因，你可以想象成手枪的扳机。习惯的触机有很多，可能是时间、地点或场景。你早上刷牙的触机是起床这个动作；去吃午饭是因为肚子饿了；等等。只要你能够找到击发日事日清习惯的"触机"，你也就能够触发让自己遵守这种习惯的动力，从而让习惯渐渐养成。触机本身没有好坏之分，决定习惯好坏的，是它引发的惯性行为。

（2）改掉不良的惯性行为。

当你找到日事日清习惯的"触机"时，不要以为你就可以通过每天去故意击发"触机"而让自己养成良好的习惯。"触机"所带来的惯性行

第七章
调节压力水平，压力刚刚好，情绪不失控

为可能并非是真的日事日清，反而有可能是你的拖延行为。之所以叫惯性，是因为它是无意识的，工作时一打开电脑就先上网看看娱乐新闻；比如每到整点一定要刷一下"朋友圈"等。在建立新的良好习惯的过程中，你就要发挥自己的自制力，用于修正那些引起拖延的旧行为，将其替换为新的惯性。这一步是最消耗精力的过程，可能要与旧习惯反复拉锯，因为良好惯性行为的建立不仅需要有自制力去克服旧的行为，还需要在行为结束时获得正向的反馈，也就是下面要说的"奖励"。

（3）当自己做到日事日清时，及时给予自己一定"奖励"。

"奖励"是习惯养成中至关重要的一环，但它往往被你忽略。坏习惯之所以容易养成且难以改变，因为它们的奖励往往即时而明显：很多拖延行为都能够让你立刻摆脱工作压力从而获得即时的满足感。而像日事日清这种好的行为习惯往往需要较长的时间才能看到效果。有些人天生能从过程中获得精神激励，但大部分人不行，因此你需要人为地赋予自己"奖励"，比如每次你做到日事日清时请自己大吃一顿、时不时发个微博鼓励下自己，等等。

当你能够按照这些步骤去做时，你也就开始成功地帮自己养成日事日清的好习惯了。此时你可能还需要一点小小的"催化剂"，来帮你缩短习惯养成所需的时间，降低其中的困难程度。这个"催化剂"就是信念。信念是支撑你建立习惯的内在动力。你要找到这种能够支持你的信念，例如：你想要在职场中出人头地，想要完成自己的职业目标和理想，等等。信念能让你在养成好的习惯时获得精神上的正向反馈，同时你的信念越强烈，就越能忍受改变过程中的痛苦与反复，让你更容易在习惯养成的过程中坚持下来。

虽然建立日事日清的良好习惯可能是一个痛苦而艰辛的过程，但是却是一个一劳永逸的方式。与堆积工作一样，日事日清的行为成为一种习惯后也会变得极难改变，这能够让你在很长一段时间内不再堆积工

作，从而不会让你积累太多工作压力，消极情绪也会大大减少，也许很快你就能够获得事业上的成功了。

6. 养成制订计划的习惯，有条不紊压力小

抓紧一切时间努力完成工作，提升工作效率是每个职场人都会在工作中去努力追求的。当你接到一项工作任务时，往往立刻着手去做，害怕浪费一丝一毫的时间。然而你往往忽略了提升工作效率的一个重要步骤，那就是在工作前做好计划。

当你在处理一件复杂的工作时，三思而后行往往能够让你在工作中少一些波折和困难。制订工作计划就能够实现让你的思想走在行动之前，让你在工作中以制定好的清晰思路去指导你的工作行为，从而让你的努力达到最大的利用率，少一些时间与精力上的浪费。

有条不紊压力小

科学的工作计划能够大大提高你的工作效率，让你在工作中付出的努力带来更大的作用。这首先是由于工作计划能够让你在面对诸多工作时将每一部分的工作整合成一个整体。做工作一定程度上就像玩拼图游戏，如果所有的工作都零散地摆在你面前，你难免会无从下手，或是在工作过程中进行一些没必要的重复性工作，自然没有效率可言。

其次，做好工作计划有利于你预估工作可能需要你付出的精力和时间，以便做好充足的心理准备。在你刚刚接到一系列的工作任务时，可

第七章

调节压力水平，压力刚刚好，情绪不失控

能对于这些任务并没有全面的认识，自然也就不能预计需要付出的精力和时间，从而无法做好努力的准备。倘若你先着手做一个科学的工作计划，那么你就会对自己要做的每一项工作都有明确的理解，从而也能得出每项工作究竟需要付出多少时间和精力，你该主要努力去解决哪些工作中的问题，做好充分心理准备去应对即将到来的工作。

最后，做好工作计划还能够让你在工作中更加有条不紊，以最为合适的进度去完成工作，合理分配自己的精力和时间。如果你在面对工作时像"没头苍蝇"一样一会儿做做这些事情，一会儿又去干干另外一些事情，你就很难对工作何时能够做完有一个全面的掌控，自然也就会造成时间和精力的浪费。而如果你制订一个科学的工作计划，按照计划按部就班完成工作，那么每一项工作都有其预期完成的时间，你也就更容易去将时间和精力进行合理分配，达到最大化利用。

当然，要想做出一个科学的工作计划，让你在工作中的努力更有成效，你就必须掌握制订工作计划的科学方法。

（1）工作计划应当宽紧有度，最大限度地利用工作时间。

在制订工作计划时，很多人都是秉承着先紧后宽的原则。按理说这样做对于你更好地完成工作是有一定帮助的，然而却可能给你带来不必要的压力。其实最科学的做法是将工作平均安排到整个工作时间当中。这样只要你严格按照计划去做工作，不但能够在预期的时间内完成工作，也能让时间和精力得到最合理的使用，不至于让自己一段时间过于疲惫，而一段时间又过于放松。最大限度地利用全部工作时间能够让你在一项工作中保持相对平均的工作强度，你肯定不希望自己一开始工作就被压得喘不过气来。

（2）将有因果关系的工作安排好顺序，避免重复工作。

制订工作计划的一大作用就是能够让你按照最科学合理的顺序去完成工作，因此你就必须找到每项工作之间的因果关系。只有找到了因果关系，你才能够将每项工作摆放在计划中的正确位置上，并优先在能够给后来的工作起到推进作用的事情上投入更大努力，从而减少重复工作，也减少你的工作量。

（3）工作计划要有应变能力，制订工作计划要像"搭积木"而非"砌墙"。

其实每个人仔细回想自己的工作都不难发现，很多时候之所以会在工作中付出许多不必要的努力，恰恰是因为工作中出现了一些突发情况让你不得不去更改原有的计划，从而造成了时间和精力的浪费。因此，科学的工作计划应当具备一定的应变能力，当一些突发情况发生时，计划可以跟得上实际情况的变化。在制订工作计划时你应该像搭积木一样，让计划中的每一个步骤存在变化的可能，一旦出现突发情况，你可以随时"挪动"计划中的一些部分，让它为现实情况服务；而如果你将计划定"死"，像砌墙一样，当突发情况发生时，你就只能将这面"墙"整个推倒了重新"砌"，这无疑会让你付出很多不必要的努力。

只有让你的思想走在行动之前，让工作计划的制订先于实际工作的进行，你才能保证自己在工作中投入的努力起到最大的作用，让你的工作效率尽可能地提高，压力尽可能地减小。当你发现自己的工作效率高了，付出的每一次努力都卓有成效，你的工作情绪自然也就会更加积极高涨。

7. 掌握科学释放压力的方法

说到压力我相信在职场中打拼的你已经对它再熟悉不过了。而通过上面的阐述，你可能也对压力引起的情绪问题产生了足够的重视，于是

第七章
调节压力水平，压力刚刚好，情绪不失控

便开始搜索各种各样的减压方法，亟不可待地想将压力从自己身上赶走。然而我们需要注意的一点是，减压方法要想达到目的，就要有科学的过程，一些旁门左道的"偏方"非但不能起到减压的作用，甚至会让我们的压力越减越大。

如果你把压力看作是一种常见的"病"，那么减压方法就相当于一种"治病"的技术，而这一技术显然是需要以科学的方法作为基础的。其实所谓减压就是通过心理调适、压力管理等手段，达到释放内心压力、转化内心压力的目的。

也只有以此为基础，你才能够找到压力产生的根源，才能够以此来确定你所使用的减压方法是否"对症"。在日常工作和生活中，你有时也会采取一些人为的能给自己带来减压效果的方式来缓解压力，然而有一些减压方式却达不到减压的效果，反而会给你徒增压力，因此你应该极力避免进入这些减压的误区。

（1）饱餐一顿。

流行观点认为，情绪不佳时吃一顿大餐，能让心情快乐起来。而实际上呢？事后你会因为浪费钱、吃太多而内疚，但压力仍然一点没减。开吃之前最好自问，这么做是否真能快乐？这其实就是个伪命题。特别是女生，还要因此而花更多的钱和精力用于减肥，实在得不偿失。

（2）放自己一马。

流行观点认为情绪不好是自己跟自己较劲，对自己宽容一些心情会好起来，于是多了很多"网开一面"的时候：我今天不想跑步了，我想休息一下。事实上，在情绪低落的时候改变自己的生活习惯，会使你的决心松垮，不放一马，会增强你的自尊和自控力。

（3）关闭电话。

流行观点认为关掉电话，让自己安静一会儿，压力就会随风而去。但恰恰相反，如果压力过大时拿起电话与朋友和家人说说话可以让你转

移注意力，忘掉烦恼，获取更多的快乐。

（4）发泄情绪。

流行观点认为坏情绪要释放出来，憋在心里对身体不好。是的，坏情绪是要发泄，但绝不是无所顾忌地发泄。在你发怒时，发泄只会让你更加狂躁，对于脾气暴躁的人来说，可能是火上浇油。有时候保持沉默，约束行为，让自己闭上眼睛30秒是不错的方法。

（5）穿着睡衣放松。

流行观点认为宽松的衣服没有束缚感，能让心情轻松起来。事实上，你的感觉经常是跟着行为走的。如果你昏昏欲睡，无精打采，穿上睡衣只会让你感到更糟糕。穿上你最喜欢的衣服、鞋子，会让你感到无论今天多么糟糕，你都做好了充分应对的准备。

既然错误的减压方法往往会让你心理压力变得更大，让你的情绪更加糟糕，从而影响你正常的工作和生活，那么究竟如何才能够掌握正确的减压方法呢？

（1）"对症下药"，根据压力来源的不同选择减压方法。

每个人都知道当你生病去医院看病时，医生会根据你的病症来给你开相应治疗用的药物，其实对于减压亦是如此。你必须分析出自己压力的来源，进而才能够"对症下药"地找到合适的减压方法。如果方法不"对症"，那么往往对于减压并不会起到良好的作用，甚至起到反作用。当然，压力来源的判断并不像医生诊断病症那么复杂，你只需要问问自己最近因为何事而感到心力交瘁，有什么突发的情况让自己措手不及，等等。当然，有一些潜在的压力来源可能不是很容易自己分析出来的，你也不妨向专业心理咨询师求助，让专业的人来帮你找到压力的根源并提供合适的减压方法。

（2）欲速则不达，不要相信那些效果太过出众的"偏方"。

有些人急切地想要缓解自己的心理压力，然而又不想使用太麻烦或

第七章
调节压力水平，压力刚刚好，情绪不失控

需要坚持太长时间的减压方法，于是总是去搜索那些所谓"偏方"，或是在坊间广为流传的一些减压"技巧"，希望能够达到立竿见影的效果。然而实际上很多减压"偏方"是缺乏科学依据的，甚至是与科学背道而驰的。有效的减压方法一定是以心理学科学作为依托，通过长时间对你的心态、情绪、人格以及接受外部刺激的能力进行调适从而达到减压效果的，很少有一蹴而就的减压方法。能够迅速降低你心理压力指数的方法通常只有专业的心理医生才能够熟练掌握。作为普通员工来说，你最应该遵循的减压原则就是细水长流，要通过对自己内心抵抗压力能力的不断强化，对心中压力不断疏导来达到化解压力的目的。

不管是哪种减压方法，只要是科学减压总的来说就应该遵循"加减乘除"的原则。

（1）加法。

积极参加体育锻炼，拓展生活圈子。任何项目的体育活动都能使人感到惬意，但前提是不要运动量过大。另外，与其在家中使用健身器械，不如到公园散步，同朋友踢球或者是登山、游泳，有意结交新朋友，接收新信息，开阔视野。

（2）减法。

降低生活标准，接受别人的帮助。对生活高标准、严要求的人不在少数，这些人应该学会适度放松，不要认为自己能够做好一切事情。如果遇到力所不能及的事情，最好能请别人帮忙。

（3）乘法。

要学会多留些时间给自己。一个人如果总是不闲着，会使周围人的情绪也随之紧张。如果感到累了，一定要休息，即使不累，为了爱惜自己也不妨躺下来放松一会儿。时常进行放松往往比劳累很长一段时间然后进行一次集中的休息有更好的效果。

（4）除法。

不要同时做好几件事情，把家务分开做。不要总想同时做好几件事。与其同时忙碌好几件事情，不如考虑如何提高效率，最好是把复杂的事情分成几部分来做。

"加减乘除"的科学减压总则其实是一种减压方法所遵循的模式，可以套用在很多不同的减压方法上。总的来说，只要是符合"加减乘除"大原则的减压方法都是比较科学有效的，是你可以尝试使用的。

既然你已经知道了压力对于你的情绪可能产生的不良影响，也明白了减压的重要性，那么就更应该牢记减压必须要遵循科学的方法，只有科学的方法才能够帮助你达到减压的目的，而不是帮"倒忙"。

丰富业余生活，给你的人生加点"料"

你的人生如果只有工作、工作、再工作，那么如此单调的人生难免会让你消极情绪倍增。即便再忙碌的人生也需要业余生活的点缀，让本来黑白的生活变得多彩缤纷，让情绪也随之激昂起来。

1. 工作并非人生的全部

职场中的每个人当然也包括你都想追求事业的成功,事业之初也都有自己的目标:有的想成为专家,有的想成为领导,有的想实现自身的价值,有的想自己当老板……有各种各样的梦想,有各种各样的理想。但是,渐渐地会被环境所影响,曾经的年少轻狂,美好梦想都会被现实的挫折、害怕失败的软弱所击败。

其实,工作更多地是在为他人实现事业,在过程中,我们应该更多修身、养性,不要在意一时的得失,不要害怕失败,担心失去。无论结果如何,成就高低,只要问心无愧,不断积累,厚积薄发,定能实现最后的成功。

工作可以满足人内在的各种需求,当面临无数的压力时,工作令我们展现自己的独特性,并使我们感到举足轻重;在时时受制于外在事物的限制时,工作让我们体验到控制环境的可能性;当我们深感无力时,工作带给我们信心,使我们觉得自己有所贡献,生活忙碌而充实;在疏离冷漠的社会里,工作让我们有机会与人联系、彼此相亲。但是,工作只是人生的一小部分,而不是全部。

都市街道上的车流、城市商场里的人群,还有那些来来往往的、粗糙的、光鲜的、美丽的、丑陋的、年轻的、年老的、晃动的面容与身形,都急急匆匆地穿梭在由高楼与高楼、街道与街道、办公室与办公

第八章
丰富业余生活，给你的人生加点"料"

室，以及公文、数字、契约、票据、身份证明等构成的立体迷宫中。人们晚睡早起，追逐金钱，追逐名利，追逐声色，追逐事业……经常把自己的亲人、朋友冷落一旁，从早到晚，忙个不停，而闲情、亲情、友情，及至爱情，都被人们踩在了匆忙而疲惫的脚步下，塞进了厚薄不一的钱夹中，夹进了厚重的教科书里，甚至扔进了垃圾堆中。而这样的生活并不是人们真正想要的生活。

一个常年鏖战于商场的朋友，为了不断拓展的事业而长期在外奔波，忽略了妻子的温柔，忽略了儿子的成长，而他还满心骄傲地以为自己的不辞辛苦让亲人过上了一天强似一天的日子。忽然有一天，积劳成疾的他被送进了医院，诊断结果为癌症。他躺在病床上，望着眼角已爬上细细皱纹的妻子和长得比妈妈还高了的儿子，突然明白自己过去有多傻，多糊涂。用长久的别离换得的优裕的物质生活环境又怎能替代亲人相守的天伦之乐呢？他流着泪向妻儿许诺，只要自己病能好，一家人再不分开，一起去旅游，去看海，去黄山观云雾。

后来经过复查发现原系误诊，只不过是良性肿瘤，手术后不久他就出院了。他没有忘记自己的诺言，但公司积压已久的事务亟待他去处理，大大小小的会议等着他去出席。他不由得感叹身不由己。黄山云雾，只有在梦里相见了！为什么经历了与死神擦肩而过的惊险，还不能抛开种种俗务的纠扰？忙忙碌碌、忧心忡忡的人，为何不问问自己：什么才是真正要紧的？

实际上这是很不幸的事情，要知道，事业只是人生的一部分，缺乏爱与被爱的生活并不完美，或者说，人生的成功自然包含着人人想得到的功成名就，但它并不是最重要的，更不是唯一照亮世界的太阳，人生最重要的是要活得潇洒。明白这一点对于每个整日为工作而奔波劳碌的人大有必要。他们对于自己从事的工作倾注了无限的精力和时间，因此，无暇亲近他们可爱的亲人，以至于疏远了彼此生命中最为宝贵的感情。他们并非不需要温馨，他们只是想先把眼下的工作完成，所以他们总是暗示自己："不要紧，这只是暂时的，等我忙完以后，一切都会恢复正常的，我会轻松平静下来，我将愉悦地陪伴我美丽的妻子和可爱的孩子，现在再坚持一下就行了……"但事实上他们的这种愿望少有实现，旧的问题解决了，又会出现新的问题，情绪也在这样无休止的劳作中越来越坏。

对于他们，生活仿佛成了一场永无休止的竞赛，只有竞赛的跑道，却似乎永远没有出口或找不到出口。他们多年养成的习惯，要求他们要不断地接受任务，并完成它，而不是无所事事。因此，总有电话等着他们去接，总有某项新工程由他们来策划，总有许多日常工作需要他们来完成。他们的工作就像不断搭乘的一个航班，永远没有终点，只有不断的起飞、降落、换机、起飞……事实上，除非你失去进取心，变成一个完全的懒汉，否则就不要企图悠闲度日，无事可做。

在工作中，你应该正确看待那些永远也做不完的事情，不要总是眼睛只盯着那张"待办清单"。"待办清单"只意味着你有一些事情尚待处理，并不表示你得全部做完。人永远都有没打完的电话、未结束的计划、未完成的工作。事实上，完成整个待办清单并不是成功的必备要素，恰恰一张写得满满的待办清单才是成功的要素，因为这代表你的时间很宝贵。

烟花易逝，人生无常。你永远不会知道，明天和意外哪一个会先来。也许你确实很忙，忙得没有时间享受生活、没有时间要健康、没有时间去休闲、没有时间谈恋爱，甚至没有时间去释放一下自己的情绪，然而，有时候需要稍微停一停，思考一下人生，因为工作不是你生命的全部。

永远记住，工作只是事业的中途，而非终点。大多数人将事业的高低归咎于职务、收入和成绩，过于执着于结果，忘记了事业追求的初衷。你的人生也不光是工作，工作成就可以为你带来金钱、地位，让你的物质生活得到改善，但不一定会让你的心里得到满足。只有将自己最初的梦想实现，才能获取真正的成功。

2. 精彩的业余生活有助于调节工作情绪

每个人都有这样那样的爱好，都有各具个性的生活情趣。哪怕是那些说没有爱好的人，其实这本身也就是爱好，即工作之余喜欢漫无目标、轻松自然、随意安闲的生活。比如，喝喝茶、聊聊天、散散步、看看电视、陪陪家人。每天的业余时间就这样不知不觉地过去了。这也是一种生活情趣。业余生活与工作并不冲突，恰恰是那些业余生活丰富的人往往更容易在职场中出人头地。究其原因就是业余生活能够帮助你调节在工作中产生的不良心理、压力所带来的工作情绪。一个人如果总是能以轻松愉快的心情投入到工作中，那么他一定就能够有更好的工作效率和工作状态。

其实仔细想想，你每天都有业余时间，而且这个时间还确实不少。业余时间相比于工作时间可能不那么完整，很多时间是零散的，但是日复一日、年复一年，累计起来，对每个人来说都是一个庞大的数字。这些时间，既可以在漫无目标、轻松自然、随意休闲中度过，也可以适当利用，培养某一爱好，聚焦某一爱好，使生活内容更充实，生活目标更明确，生活情趣更高雅。工作之余，不妨学一学古人，发一发"爱秋来时那些：和露摘黄花，带霜烹紫蟹，煮酒烧红叶"这样的诗兴。

一位公司老总在生意正红火的时候，突然辞了职，一个人跑到美国去进修。有人问他："为什么呢？放弃你的生意不觉得可惜吗？"他说："有什么可惜的！人生苦短，做爱做的事，而且要想在有限的一生中比别人活得更好些，就要把人生分成一截一截来过。"他解释道："上一截我的主要人生目标是赚钱，现在我认为已经赚够了足以养老的钱，然后这个阶段，也就是今后的五六年，我的主要人生目标就是出国研修、旅游、开眼界、尽享爱情。再往后的一截还没想好，也许会去写书，也许做更大的生意。每一截人生我都认真投入地去做，这样，我的一生会很丰富，尽可能地实现我想要的生活形态。"

他的话可与另一个人的相映衬。另一位前十年在国外游历闯荡，后来回国找了份工作安定下来。他说："我觉得真值。上半辈子经历多多，下半辈子陪伴老人，抚养孩子，享受平静生活。"

有时候人们之所以容易迷失和苦恼，是因为想要的太多，并且想一下子得到，结果拼命地去做，却把自己局限在一个狭窄的圈子里而不能自拔，并且经常忘记活在这个世上到底是为了什么，是只是为了工作，还是要充分体验人生？所以充分利用业余时间，把自己的业余生活过得丰富多彩起来，也是对情绪最好的调节。

丰富业余生活，给你的人生加点"料"

即使在繁忙的工作岗位上，只要有心，时间也是有的。毛泽东主席许多脍炙人口的诗篇、博大精深的论著，是在形势危急、环境恶劣的长征途中、战争期间写成的。今天，可以说，没有一个人会比一个国家主席的工作更紧张吧。因此，没有一个人会忙得一点时间都没有，关键在于有心，在于勤奋，在于毅力。

在你的周围可能已经出现很多懂得安排业余时间的人。有的人业余时间喜欢看书学习，因此，他们知识丰富，理论扎实，眼界开阔，思维活跃。有的人则喜欢在业余时间学习书法，鉴赏绘画，钻研摄影，苦练球技等，收到了缓解工作压力、消除身心疲惫、享受文化生活、提高素质、陶冶性情、增强体质的多重效果。一些业余爱好，如果持之以恒、日积月累，甚至是可以有所成就的。

李毅在工作中偶然认识一位朋友。从此，每天早上8点左右他都会收到他一条短信，无论酷暑寒冬，无论工作日节假日，从不间断，题目都是为人处世的"小议"，例如《"人生四境"小议》《"超越自李毅"小议》，格式也是固定的，用古人的言论引发自己的议论。

不久以后，这个朋友托人转送李毅一本书，洋洋大观，就是这些短信的汇编。原来，他每天的业余时间，都在读在想在写，每天都在做聚沙成塔、滴水成河的工作。很多同志属于这样的有心人，他们确立一个目标大厦，工作之余，每天为这个大厦砌一块砖，添一片瓦，每天进展一点点，最后在坚持不懈中实现了目标，建成了大厦。

常听一些职场人抱怨没有时间去培养业余爱好，其实有心就有时间。在职场中工作一段时间的人差不多都已经熟悉了自己的工作领域，掌握了一些工作技巧和法门，需要占用业余时间进行工作的情况也会逐渐减少，然而很多人依旧没有享受过什么业余生活带来的乐趣，更没有能因此达到调节工作情绪的目的，终究还是因为对业余生活不重视，认为这是可有可无的部分。

当然你可能会想：执着于某项业余爱好、痴迷的投入，会不会影响工作？疑问是自然的，很多时候，疑问甚至变成非议，变成否定。"为什么不把全部精力投入工作？"这是最常见的责难。这种责难其实是没有理由的，看看那些职场精英，他们中的大部分都有十分钟爱的业余爱好，并愿意投入时间、精力去维持这种爱好。

"人的差异在业余。"这句话深刻而又真实。业余的用心和投入不同，人的状态和成就也迥然各异。大凡有成就者，都是业余时间用得充分、用到极致的。可见，让业余更加有意义，对于个人，是有所成就、有所作为的奥秘所在。

不论你身在何职，有些东西你是要空出时间来看看学学、研究研究的，算不上陶冶情操，也算是小小的追求吧。比如：

（1）学会基本的衣服搭配。已经是成人了，很多人穿衣服会让人感觉不伦不类，很尴尬。正装、休闲装、运动装、丝袜该什么时候穿？怎么穿？露多少？不要闹出笑话。

（2）学着做几样拿手菜。饮食对美容、防病绝对是很关键的，菜要做到色、香、味、营养俱全，不是件容易的事，无论是男生女生，都要学一学。

（3）说好普通话。字音标准，吐字清晰，声音洪亮。快的时候伶牙俐齿，慢的时候语重心长，这个是需要练的，说好普通话，对周围人是一种很大的吸引力。

（4）会基本的举止礼仪。你是否经常被说"站没站相，

第八章
丰富业余生活，给你的人生加点"料"

坐没坐相"，那么就建议你从网上看看礼仪教程，学点基本的礼仪，做到当进则进，当止则止。

（5）试着练一下文笔。关注一下每天的报纸、新闻，用辩证的眼光审视它。学着研究一下高级职员应用文写作，学会各种公文的写作。写作在任何地方都是很有利的武器，把你所想的用合适的文字在合适的场合合理地表达出来。

（6）写一手好字。字如其人，练字可以静心，闲暇之余多练练书法，未必不是一件好事，既可以培养性情，又可以陶冶情操，关键时候还可以领悟一些东西，圣人说书法可以悟道。

（7）学习各类应用软件。信息化的时代，各种软件，学上那么一小点，基本都会受益终生。

（8）每天都要运动。激情来自内心，朝气来自运动。培养一个自己喜欢的运动，常见的有篮球、乒乓球、跑步、武术等。

（9）自学一点医学。疾病和命运是我们每个人都可能面临的问题，而美容、保养等也是很多年轻人关注的话题，所以不妨读几本关于医学的著作，有些时候我们是不能只依赖于医生的。学点基本的按摩、推拿等，回家也可以帮父母按按肩、捶捶腰。

（10）会欣赏几首音乐。不一定会唱，但一定会听，音乐的旋律会让你的心情与之共舞。所以不开心的时候一定记得听喜欢听的喜感音乐。

（11）记得定期给家里打电话。不要怕没话说，拿起电话多问候。

（12）学着为人处世。有些人才华横溢却只能位居卑微，有些人看似酒囊饭袋却能平步青云。世上没有非对即错的简单道理，无论什么时候都要一分为二地看问题。"嘴巴没毛，办事不牢"的我们，遇事要多琢磨，多忍让，多读读文化类的书籍，要学会为人处世、待人接物、礼仪、潜规则等。

（13）有几个属于自己的圈子。有人说，有几个好哥们，有个好工作，有个好家庭就够了，那只是理想化的模式，人脉固然关键，但有属于我们自己的圈子或许更重要。有问题了可以通过圈子解决，娱乐活动大家一起参与，前提是你要"忠诚"于这些圈子。

（14）坚持做公益。有些时候一个简单的举动，或许会拯救一条生命，我们可以坚持做公益，但是要注重方式方法，而且还要看透哪些是真正的公益。

（15）适量的影视和游戏。它们已经成了我们大多数人生活的一部分。玩物丧志，所以一定要适量，最好是控制时间，玩的时候跟认识的人一起玩，网上都是虚拟的，在网上跟不认识的人玩，就没多大意思了。时间不要就这么浪费了，玩玩放松一下是可以的，但不能痴迷。

千万不要忽视了这些看似不会对工作产生什么深远影响的业余爱好，它们不但能够帮你陶冶情操，甚至还能意外培养出一些能力，帮助你发现自己的特长。最重要的是，通过利用业余活动来放松心情，你能够调节那些在紧张工作中产生的消极情绪，从而让你以更好的情绪状态投入到工作中。

第八章
丰富业余生活，给你的人生加点"料"

3. 让艺术点缀生活

生活得蝇营狗苟，为了名利奔波，为了家人忙碌，闲时问问自己是否有点空间留给自己。古人常讲寄情风水，失意得意，人生无所处，总有什么能寄托我们的情怀，就算失去功与名，还有琴棋书画诗酒花。

身处现代职场的你，每天好像有一万件事情要做，忙于社交应酬，忙于赚钱养家，忙于家庭琐事，忙于学习进修。哪怕给自己挤出的一点点的读书时间，都要"对自己有用"。其实，生活不止眼前的苟且。

培养一些艺术方面的兴趣吧，这些事或许对你来说看似无用，可有可无，但这些看似无用的东西却成了你舒缓身心的重要途径。希望你能留给自己内心多一点的空间，做个有趣的人，做一些无用的事。

台湾荣格心理分析师吕旭亚老师分享的一个有关抑郁的视频中说："不同的人，在寻找生命的河流改道转向的时候，有不同的方法。他们通常都是从无用的地方开始，像一个小男孩一样地堆石头、涂鸦、写字、走路。这些无用的东西，在这个时候却成了一个重要的指引，这些看似'无用'的东西，平常我们称之为乐趣、兴趣、打发时间的事情，通常跟美、艺术、大自然有关，跟心灵的追寻有关，与生命的意义、哲学、宗教有关。"

美国西雅图有个很特殊的鱼市场，在那里买鱼和卖鱼都是一种享受。

跟别的地方的鱼市场不同，这里的鱼贩总是面带笑容，运送鱼的时候,像配合默契的棒球队员一样,让冰冻的鱼在空中飞来飞去,边扔边互相唱和着"啊,5条鳕鱼飞往明尼苏达去了""8只螃蟹飞到了堪萨斯……"他们的工作像是玩游戏,又像演杂技,和谐而又默契,充满乐趣和欢笑。

其实,这个市场本来并不是这样,卖鱼的活又脏又累,令鱼贩们叫苦不迭。后来,大家认为与其每天抱怨沉重的工作,不如改变现状。于是,他们把卖鱼当成一种艺术。再后来,一个创意接着一个创意,一串笑声接着一串笑声,他们创造了鱼市场中的奇迹,也创造了快乐的生活。他们深刻地体会到:生活总是照着它应该的样子去发展,与其在愁苦中唉声叹气,不如在欢乐里喜笑颜开。

让生活艺术一些,并非高不可攀。有时一个小的创意,就能产生意想不到的效果。

这方面,艺术大师韩美林就堪称楷模。有一次,他到机场去接夫人。当夫人走下飞机时,他把一件精心准备的礼物送上去。礼物很朴素,却也很独特——是一块用纸巾包裹着的烤地瓜,却在上面插着一朵从路边摘来的小花。夫人接过礼物,非常高兴,非常开心,继而又非常感动——这大概是她收到的最温馨、最浪漫的礼物了。

就这样一个小心思,立刻就让人生充满了艺术气息。其实艺术并非像你想象的那样必须要"高大上",不是非要一架三角钢琴、一组高级音响、买几幅名画、坐在国际象棋棋盘前才叫艺术,艺术其实也可以很"接地气"。

想要让艺术点缀生活,关键还是要有一颗艺术的心、一种艺术的眼

第八章
丰富业余生活，给你的人生加点"料"

光。要善于发现业余生活中出现的美好的事物，发挥自己的主观能动性去把生活中的一些小细节变得妙趣横生，当一个个小细节都充满了艺术气息，你就会发现你完全能够体验什么是艺术人生了。

4. 用书籍增加你的内涵

为什么要读书？

回答这个问题并不困难：学知识、学文化。书与文化、与知识总是相连的，书是学习的媒介。这一点并没有错。然而，这里所说的书，和你现在进行关于书的话题的书，与学知识、学文化的书可能并不是一回事。

这里所说的读书，不是那些政治文件、技术手册，也不是那些庸俗低下的粗制滥造的"地摊书"，更不是那些被称之为"谋略""智慧""商战技能"之类的书。

这里说的书，应是一束光，能把身处暗夜中的眼睛点亮；应是一团火，能把寂寥寒冬中的心暖化；应是一片云霞，能使人心充满一片美好的向往；应是一阵清风，能驱尽你身上的暑热，使你感到一阵凉爽、舒心。这里说的书，更是一双翅膀，让你凌空而起，把你带进美的天堂，人间的仙境；能把你的心变得更冰清玉洁，使你更高尚。这里所说的书，应是经典的或相对经典的，是人类智慧的结晶，是人们用无数血汗培育出来的壮硕籽粒，撒下，就能长出茁壮的禾苗。只有这样的书，才是你最需要的书，才是能够给你带来积极情绪的书。

读书有什么用？

提到读书，人们很容易问到这句话。而实在的回答却是"没用"。这个"没用"，只是提醒你：读书不要太功利化了，不要太实用了。太功利、太实用了，就和陶冶人的情操的读书目的背道而驰了。这个"没用"，是从物质方面而言的，不是以实用功利为目的的，而是以陶冶情操、

用书籍增加你的内涵

提升精神、升华人格、开阔视野、丰富人生、纯洁心灵为最终归宿的。

读书的"用"，不在眼前，不在当下，而是像甘霖雨露滋润万物之后，万物所呈现的那种清新、新鲜、水灵时的生机勃勃，是看不见和摸不着的。它是一种无形之用，是一种潜移默化，它能融进你的血液、精神、行动之中，悄悄地对你的生活、环境发生作用，会在不知不觉中改变你的人生轨迹。

为用而读书，不是真正的读书；为用而读书之人，不是真正的读书之人。此为至语。然以此为界，古今中外能称作读书之人者有几？人生于世处处充溢着世俗功利，老祖宗的"书中自有黄金屋""书中自有颜如玉"的训导根深蒂固，不管如何挞伐并不能损其纤毫。真正的读书和真正的读书之人均是由功利之门而入，渐趋于无我之境的。文人亦概莫能外，职业性的眼睛一如贪婪的吸针，书海中的寻寻觅觅总是以汲取养分为目的的。即使是寻求精神的伴侣，也是在"寻"在"求"。当然，不带任何功利的读书是读书的至境，不存任何功利的读书之人，才能从中获取人生至高的享受。

面对书山书海，你究竟首先要选取哪一种或哪一本呢？

因为，每个人都有他自己的兴趣爱好。性格不同，所喜欢的书也就不同。不同的人，读不同的书，这和不同的作家写不同的作品一样，它是由各方面的客观条件、环境因素所决定的。所以，要说的只能是一句

第八章
丰富业余生活，给你的人生加点"料"

话：读最好的书。然而，对"最好"的标准，对"最好"的界定，却是仁者见仁，智者见智。还有一种书也可以读。那就是身边人写的书，或者说"接地气"的作家的书。因为这个作家就是接近你的人。因为他写的书离你更近，说不定阅读者就是他书中的主人公。读着这样的书，是会感到异常亲切的，当然，也更容易与作者交流、切磋。

一个真正爱好读书的人，他的目光并不会仅仅限于某个领域，专注于某一方面的书。一个人要想全面发展，或者说眼光要比较高远，他求知的触角就会伸向四面八方，会从各个领域的门类中吸取营养，比如哲学、美学、经济学、音乐、书法、绘画，都是一个健全的知识追求者所不可忽略的。

说到怎样读书，也许有的人会说："谁不会读书呢？"

是的，谁都会读书。只是读书的方法不同。不同的方法，就会有不同的效果和不同的收获。

读书需要有读书的心境和环境。心境可以靠信念的守持营造，而环境则不能。环境是一个无形而又坚固无比的桎梏，凭你怎样的筋斗云也跳不出桎梏之外。读书，尤其是那些业余读书者，只能在桎梏枷下的无望中将拼力逮住的光阴移驻于书中。也就是说要见缝插针，要挤、要抓。

读书最忌讳的就是碎片式阅读。碎片式阅读，不能替代书籍所代表的系统阅读。智能手机的普及，让低头族成为全球现象，以手机为载体的信息，必然呈现出碎片化的趋势。随之而来的就是碎片化的阅读。

论数量，在这个信息爆炸的时代，信息对每个人来说都是过载的。碎片式阅读最显而易见的好处，是可以第一时间给我们带来新资讯。可是信息是层出不穷的，用有限的时间追逐无限的信息，结果就是手机成瘾，吃饭看、走路看、上课看、上班看、熬夜看。论质量，在这个娱乐至死的时代，搞笑短视频、段子、表情包满天飞，推送给我们的内容中有大量是纯粹供人消遣娱乐的内容，我们自己也愿意消费这些插科打诨、轻松有趣、爱抖机灵、不费脑力的内容。可是除了哈哈一笑，这些娱乐化的内容还能给你留下什么呢？论效率，注意力也被碎片式阅读惯得越来越无法集中，偶得一些能让人进益的好文章，可是注意力迁移得太快了，常常划拉两段，就失去耐心，最后收藏了之。

过载的、娱乐化的、碎片化呈现的信息，真的能帮助你提高理解力吗？当然不能。

以一篇文章的篇幅，可以告诉你一个观点，但很难充分展开一个议题。但好的书籍则内容翔实、层次分明、引据严谨。你可以通过循序渐进的读书安排，由浅入深地理解一个议题。比如，你想了解一个思潮。你可以知道某个代表人物的主要观点，还知道得出观点的事实依据和推理过程；你不仅了解一方观点，还把他放在时代背景中，与同一时期的人进行横向比较，还把前人的思想精华、后来者的创见进行纵向梳理。你充分了解一个议题是怎么产生、如何演化的。有了深度、广度的积累，获得一种全局视野，当该议题相关的信息或观点再出现，你可以马上把它纳入一个知识背景和分析框架中，迅速整合、消化。而仅靠碎片化阅读，你则无法构建一个系统的认知体系。它只会让你只知其一不知其二，只知其点不知其面，只知其然不知其所以然。你就像无本之木、无源之水，在多元的观点和层出不穷的信息海中迷失自己，永远学不会独立的、系统的、深入的思考。

那么接下来就要说一说读书的意义。读书究竟能给你带来什么呢？

阅读到底有什么意义？看那么多书真的有用吗？很多人提出这样的质疑。面对这样的质疑者，有的人嗤之以鼻：你怎么那么功利?!有的人倒是耐心，头头是道。可就是戳不中提问者的痛点。这是因为不同的人想要的东西不一样，同一个人不同成长阶段需要的东西也不一样。所以读书对不同的人，甚至同一个人的不同成长阶段来说，具体的意义都是不同的。不过有一点是可以肯定的，脱离个人的需求、目标，空谈阅

第八章

丰富业余生活，给你的人生加点"料"

读的意义是没有意义的。

一个想尽快成熟起来的职场菜鸟，他选择读《高效人士的七个习惯》一类的书籍，对他来说读书的意义就是为了提高专业素养，完善职业技能，提高工作效率，形成核心竞争力。当他成为高管，他的阅读重心可能又会发生转移到彼得·德鲁克一类的作家。一个想在产业剧烈变革时洞察先机的创业者或者投资人，这类人爱读的类型，如凯文·凯利成书于1994年的《失控》，托夫勒出版于1980年的《第三次浪潮》，麦克卢汉写于1964年的《理解媒介》，都是基于对现实的观察，对未来做出大胆合理的预言。他读书的意义就是获得对未来商业趋势的前瞻性认识。一个想成为小说家的年轻人，他阅读和研究自己欣赏的小说家的作品，他读书的意义就是从模仿开始，练习小说的技法。

掌握一门知识、习得一项技能、获得某种洞见、达到一定鉴赏水平、了解人的心理倾向、多一个分析问题的视角……读书的具体意义很多，如果要给它概括一个普遍的、共通的、终极的意义，那就是对自我的完善。

已经说了这么多，接着你应该了解的就是如何才能够读好一本书。相比于读一本好书，如何读好书才是读书的核心。我们不妨借鉴日本畅销书作家奥野宣之的《如何有效阅读一本书》中的技巧，他用非常简单的方法教会读者如何使用读书笔记来提升阅读的质量。

选书：怎样选择自己真正想读的书？

书中讲到一个很好的方法，就是列出购书清单，需要准备一个随身携带的笔记本，方便随时记录，因为我们平时获得新书信息的渠道会很多，比如朋友推荐、杂志推荐、报纸报道、广告或者书中的参考书。第一步要做的就是信息收集，把突然出现让你产生阅读欲望的书记录在购书清单里，记录的内容包括"书名""作者""出版社"。这样就不会遗漏这本书的基本信息了，方便以后去购买阅读。

有人可能会问，为什么要记录出版社，因为当你用这个方法久了之后，你可以整理归纳购书清单的书，看看有没有哪些出版社的书，是你经常看的，或者哪些出版社的书给你的印象更深刻，无论从装帧设计、读书内容，还是各种阅读体验。如果能发现这样的区别，以后你就可以定期去关注这个出版社是否有新书上架了。

还有一个方法，同样是这个笔记本，你在平时阅读的时候，可以随笔记录一些阅读感受，或者名言金句。比如你看到一段话是讲某个历史人物的，你对他的故事很感兴趣，记录下来之后，可以主动去搜索有没有讲述他个人事迹的书。又比如你看到某书中讲到一个人购买奢侈品的动机很有意思，你可以记录下来，去找找有没有消费者心理学方面的书。

以上这两种方法的好处就是，让你掌握了选书的主动权，有目的、有理由地去选择书，这样的阅读效率才会更高。

购书：怎样买到对自己真正有益的书？

购书无非是两种方式，网上购买和书店购买，随着现在互联网的普及，让很多人都失去了书店购书的体验。其实我还是很喜欢逛书店的，因为既可以亲手摸摸这本书的手感，也可以翻看快速阅读一下，体验下作者的文笔，书的大概内容，是否是你喜欢的。拿着购书清单去书店选书，也可以很清晰地找到相应的书，并且可以在书架上找到很多类似的书，也许会发现更有价值的书，或者有很多关联内容的书。

购买书除了在购书清单上指定购买，还有一个好方法就是找到"枢纽书"，意思就是"书中推荐的书"，比如参考文献，比如某些观点、案例的出处。这些书里的内容是被你看的这本

第八章
丰富业余生活，给你的人生加点"料"

书的作者引用的，或者说是对他有启发的，所以可能会更深刻一些，而且他们之间肯定会有内容的关联性，方便你拓展阅读，能够加深对这方面信息的掌握。

网络购书方便、便宜，在亚马逊上有个"心愿单"的功能，你可以把喜欢的书直接放到心愿单里。但是有利也有弊，网络购书经常会买到烂书，我就买过很多次，在网上铺天盖地的宣传，各种名人大咖的推荐，再赶上个什么促销活动，心血来潮就下单了，但是书拿回来之后，看了几页就看不下去了，内容太烂，完全被营销手段所蒙蔽。所以无论网上购书，还是书店购书，买之前最好都大概了解下作者背景，书的内容、大纲，选择真正对你有吸引力的书去看。否则浪费十几块钱是小事，浪费时间就得不偿失了。

读书：怎样加深理解，深入思考？

人们常说，你为别人讲解书中的内容时，才会真正理解它。把读书笔记作为目标去读书，得到的效果也是一样的。当你以思想输出为前提去读书时，思想输入的质量也会有所提升，而且亲手写文章的好处比口头叙述要更多一些。这样读书的目的从"读完就好"变成了"要写读书笔记"，读书的重心发生了变化。

写读书笔记不要成为读书的负担，而是目标，读书笔记其实可以是简单的一句话，只要你觉得这句话对你来说很重要就可以了。而读完后你在整理这些话的时候，也是二次思考和整理自己想法的过程，从这句话你可能会联想到很多相关的信息，脑子里有东西了，写出来就不太难了。

当写读书笔记养成习惯之后，你再读书的时候就会主动寻找书中"打动人心的内容"，看一遍，找一遍，再写一遍，这样的内容就很容易加深记忆，提升阅读效果了。

记录：怎样制作读书笔记？

这部分内容，我觉得是非常简单和实用的。记录笔记只需要简单的3个步骤：通读；重读；标记。

①通读：一边阅读，一边把觉得有价值的那一页的书角折上。

②重读：读完一遍之后，再把折角的几页重新读一遍，如果仍然觉得很好，就把那一页的另一个书角折上。

③标记：最后再重新读一遍折起两个角的几页，如果第三次阅读仍然觉得值得一读，就用笔在上面做上记号，把让你动心、无法舍弃的内容记录在笔记本中。

不用折角的方式，用贴标签的方式也可以，方法是什么都无所谓，主要是思路。这样的内容读了三遍还让你无法割舍，就说明真的是能够打动你的内容，相信，如果一本书中有那么几页能让你心动的话，这本书的价值就体现出来了。你在后续整理读书笔记，甚至写书评的时候，这些让你印象深刻的内容一定会给你很多启发的。

活用：怎样运用从书中获取的知识？

最后这一步很重要，通过读书笔记，读书已经成为一次很成功的体验了，而做笔记的最后一步就是把读书的体验利用起来，将其转化成自己的精神财富。首先我们要区分两个概念，"吸取精华"意味着原封不动地吸取书上的知识，而"读书体验"是指对于书中的内容你有什么自己的理解，通过书中内容你又联想到了哪些新东西。所以有效的读书笔记能让你的思维得到有效的升华。

要养成重读笔记的习惯，前面提到的那个读书笔记的小本子，可以经常拿出来看看，它的好处在于，里面记录的信息是碎片的，所以你可以用碎片化的时间来阅读，比如饭后休息的时候，比如做家务的间歇，比如出差的路上，都可以拿出来看看，在反复的重读过程中，还可以不断加入新的思考，如果觉得理解得不到位，可以选择再把书拿出来，把那部分内容重读，加深理解和印象。

读完之后积极输出促进思想内化，为了向别人传达自己想说的内容，无论是演讲还是写作，都需要自觉地把原有的零碎的信息和想法组织起来，然后变成通顺的语句展示出来。所以在读完一本书之后，如果你想让它变成你自己的思想，就需要进行整理、加工，并且给自己主动创造一些输出的渠道。比如读书会、和别人分享、写书评等。这些输出就是你读书的价值反馈，也是一种成就感的积累。

说到底，书籍不过是帮助人达成目标的工具罢了，一个工具可以发挥怎样的作用，发挥多大的作用，全取决于使用者如何使用它。

书是浮躁的沉静剂，是由复杂社会、烦琐公务、卑俗人事带给心灵创伤后的抚慰良药。没有书的心灵是荒芜的土地。土地荒芜，滋生杂草。心灵荒芜，蔓延丑恶。杂草吸去的是大地的养分，丑恶扼杀的是真、善、美。

书是一方草地，是一片树林，是一条小溪，疲劳的心灵可以在里面栖息，浣洗，看小草蓬勃，听小鸟啁啾，感水花激溅。

有朝一日，你总会明白"书中自有黄金屋"的意思，总会体会"春风得意马蹄疾，一日看尽长安花"的意境，领会书中浩然之气，人生波澜壮阔、兴尽悲来、柔情绵绵的感悟。

5. 安排一场"说走就走的旅行"

生命不是一场赛跑,而是一次旅行。比赛在乎终点,而旅行在乎沿途风景。常人说:不登山,不知山高;不涉水,不晓水深;不赏奇景,怎知其绝妙?读万卷书,还须行万里路。旅行,可以使你中断每天周而复始的凡人琐事,对平凡俗气的生活,是一种暂时的解脱,让自己的胸怀得以舒展,心灵得以净化。

每个人出生的时候都是蝌蚪,长大了都变作井底之蛙。这不是你的过错,只是你的局限,但你要想法弥补。要了解世界,必须到远方去。旅游的好处却不是一眼就能看到的,常常需要日积月累、潜移默化的蓄积。

旅行能够帮助你调动起生命的激情,这能够让你产生积极的情绪。旅行会让你到一个和现实的生活有很大反差的地方,这样你的五官和所有的神经末梢就开动起来,古老的生存法则就开始运作。你看到新的景物,听到新的声音,闻到不同的气味,连空气的冷暖都是不同的,机体就紧急动员起来,不再像破抹布萎靡不振。遇到了台风这样极端的气象条件,挑战就更剧烈了。还有你说的那种抢着吃饭的感觉,说实话,这种感觉对很多人来说,已经非常陌生。饥饿在生理上的古老动力作用是很有激情的,会调动起身体的内分泌系统积极工作,而不是先前的一潭死水、一团散沙。欧洲不是一个治疗抑郁症的首选之地,是因为他们那里的抑郁症本身发病率就比较高,各方面的条件都太舒适也太优越了。如果说尚未完全进入现代化的某些地方,对于我们的身体来说,是一声冲锋号的话,欧洲有点像温柔的慢板和小夜曲。这就或许能解释为什么

第八章
丰富业余生活，给你的人生加点"料"

有的人要到荒野中露宿、攀绝壁爬高山、在沙漠中徒步……想用这种返朴归真的方式，重新调动起生命的激情。

旅行能够帮助你开阔眼界。通过旅行，人们不仅可以亲眼观察到美丽的自然和人文景观，还可以了解到各地不同的气候、动植物和特产，亲身体验到各地不同的民风民俗、饮食习惯和宗教信仰，还可听到各种不同的传说、典故和逸闻异事，让人开阔眼界，增长知识和见闻。每一次旅行，都能给人带来新的感受、新的知识和见闻。这让你在回到工作中后面对很多问题都能有全新的认识和理解，从而更客观正确地进行分析，这能有效避免因为认知偏差而导致的情绪问题。

旅行还能帮助你培养出多元化世界观，让你能够认清人生的本质，从而避免许多自己制造出的情绪问题。旅行，是一种最好的、最直观的方式，让你看到真实的世界、真实的生活。很多时候，你习以为常、司空见惯的东西，其实并不是天然就该如此的。

旅行就是让你知晓，离开你居住的地方，五十里、五百里、五千里之外的地方，那里的山是什么样的，那里的水是什么样的，那里的房子是什么样的，那里的人是什么样的，最关键的则是那里的生活，究竟是什么样的。

> 在德国乡村的清晨，可以看到浓密的玫瑰拱廊下，一位白发老人，手捧一本厚厚的书在阅读；在尼泊尔，可以看到居住简陋、穿着朴素的人们，每天早上起来，带着满足的笑容，去拜神和祈祷；在日本，你可以根据列车到达的时间，来校正自己的手表；在法国，你也会预约了一位司机，迟到一个小时，还温柔地跟你说别着急；在巴黎，你会看到一边喝着咖啡一边聊天一边罢工的空姐。

这些，就是不同地域、不同信仰、不同文化、不同风俗的人们的真实生活。这些，所有的亲眼所见、亲耳所闻，来自对方的动作、对方的眼神、对方的内心的交流，都是在家里无法体会到的。而当你了解到这些不同的文化时，你的眼界就会无比开阔，你会形成多元化的世界观，而这种世界观能够帮助你在工作中理解很多你之前并不理解的事情，看清很多职业生涯里你曾经看不清的"真相"。

很多时候你之所以因为一点小事就产生了那么多消极情绪，正是因为你的眼界不够开阔，心胸不够宽广。旅行恰恰能帮你弥补这一方面的不足。如果你始终不愿意出去走走，真的会以为眼前就是世界。

6. 在运动中释放情绪

"生命在于运动"这句话你一定听说过，不过你可能不知道，运动还可以帮助你调节和释放情绪，让你内心始终充满积极情绪。

运动之所以能够达到释放和调节情绪的作用，首先是由于你的身体一旦运动，大脑就开始释放包括内啡肽等多种不同的欣快神经传递素，这些激素在改善情绪和抑郁方面起到重要作用。研究证明，情绪和情感是客观刺激物影响大脑皮质活动的结果。在情绪活动中机体所发生的外在表现和内在变化是与神经系统多种水平的机能联系着的，是大脑皮层和皮层下中枢协同活动的结果。通过体育运动如跑步、疾走、游泳、打羽毛球、打排球、打篮球、踢足球、骑脚踏车、登山等能加强心搏，促进血液循环及消化系统的新陈代谢，使大脑得到充分的氧气和营养物质，能使大脑皮层的兴奋和抑制恢复平静，从而达到改善不佳心情的目的。有专家曾经做过分析,工作 1 小时后,腾出几分钟时间做做简单运动、踢踢腿和伸伸腰等都可以帮助人缓解情绪紧张等问题。

其次,运动能够帮助你消除压力。美国焦虑症与抑郁症协会估计,14% 的人会通过运动缓解精神压力。运动过程中皮质醇水平增加,心跳加快,却可以缓解心理压力导致的负面影响。最新研究发现,每天运动 30 分钟,就可以使压力缓解 30%。在运动的过程中,你往往能够将一些工作

在运动中释放情绪

中的不满等消极心理发泄出来,其实也就等于将制造消极情绪的根源通过运动清除了出去。

最后,运动尤其是参与体育竞技运动能够给你的消极情绪提供一个"出口"。参加体育竞技,可以为不良情绪提供一个"排泄口",使遭到挫折而产生的冲动提升为向前的动力。体育运动有着明确的规则,因此,对社会生活中受到不平等待遇的人以及向往公平竞争的人们来说,运动无疑是一个很好的发泄场所和实现自己理想的场所。一些心理学家通过大量研究肯定了体育运动对情绪的排泄作用。这些学者们认为,体育运动不仅仅是消闲或锻炼身体,它还具有心理医疗的价值。它像一种净化剂,使参加者被压抑的情感和精力得到宣泄和升华,从而使受伤的心灵得以痊愈。

运动不仅仅能够调节人的身体机能,起到强身健体的作用,同样也能够锻炼人的心理,在情绪调节中起到不可忽视的作用。如果你感觉自己在忙碌的工作中积累了不少消极情绪,那不妨试着抽时间让自己体验一下运动中的快感,在挥洒汗水的过程中将消极情绪一同甩掉。